唐心 ◎ 著

气顺了
人生就顺了

广东旅游出版社

GUANGDONG TRAVEL & TOURISM PRESS

阅 / 读 / 是 / 一 / 次 / 奇 / 妙 / 的 / 旅 / 行

图书在版编目（CIP）数据

气顺了，人生就顺了 / 唐心著 . —— 广州：广东旅游出版社，2013.6
ISBN 978-7-80766-515-1

Ⅰ . ①气… Ⅱ . ①唐… Ⅲ . ①成功心理—通俗读物Ⅳ . ① B848.4-49

中国版本图书馆 CIP 数据核字 (2013) 第 113720 号

责任编辑：何阳
封面设计：华夏视觉 / 李彦生
责任校对：李瑞苑
责任技编：刘振华

广东旅游出版社出版发行

（广州市越秀区先烈中路 76 号中侨大厦 22 楼 D、E 单元　　邮编：510095）

邮购电话：020-87348243

广东旅游出版社图书网

www.tourpress.cn

印刷：北京毅峰迅捷印刷有限公司

地址：（通州区潞城镇南刘各庄村村委会南 800 米）

710 毫米 ×1000 毫米　16 开　　15 印张　　197 千字

2013 年 6 月第 1 版第 1 次印刷

定价：　29.80 元

篇首语

这是一本让你成为情绪智商高手的书

人的一生，常伴随着喜怒哀乐，品味着酸甜苦辣，难免会遭受到一些冲突、刺激、波折，让你无法不生气——

物价节节攀高，赚钱越来越难，让你迷茫，生气！

亲人之间内斗，朋友的伤害，同事的诽谤，让你郁闷，生气！

事业的失败，感情的波折，家庭生活的矛盾，让你苦恼，生气！

甚至网络上、报纸上，一个新闻标题也会让你耿耿于怀，忍不住吐槽，生气！

......

其实，谁都会生气，脾气再好的人也不会例外。虽然我们知道生气就是拿别人的错误来惩罚自己，然而事到临头，情绪却难以控制。

心理学家曾经得出这样一条结论：人在生气时，情绪智商只有五岁！可见，当一个人处于这种状态时，他的自控力就会大大退化，所讲出的话，所做的决定，往往都会坏事。

既然说到了情绪智商，就有必要了解一下它究竟为何物。

1990年，美国心理学家萨罗维和梅耶正式提出"情绪智商"一词，用于描述一个人准确评价和表达情绪的表力、有效调节情绪的能力以及将情绪的体验用于驱动、计划和追求成功等动机和意志过程的能力。1995年，美国《纽约时报》行为科学和脑科学的专栏作家高曼将有关研究成果以通俗的形式编写成《情绪智商》一书。他指出，一个人取得成就的大小，情绪智商起着重要的作用。

关于情绪智商，谁也无法像测试智商那样整理出一套权威公正的方案，用数位和分数来断定它的高低。而练就一个很高的情绪智商也并不容易，因为你要时刻拥有清醒和正确的"自我认知"，在人际交往中可以快速地"识别情绪"，面对愤怒、悲伤和困难知道如何整理情绪。

前些日子，我去拜望一位著名的畅销书作家。让我没有想到的是，年已花甲的他居然对当下流行的网络聊天工具了如指掌，并且还亲自管理自己的 twitter 账户。他说这个世界已经变了，有了网络之后，作品可以发布到网络上，任何人都可以提出表扬，也可以提出批评，并迅速影响人气指数。这位作家坦言，他经常在 twitter 上看到读者对自己作品的批评，但他绝不会生气，更不会将其删除，而是大大方方地摆在那里，虚心接受批评和建议。作为文人，对自己所写的文字都会有一种本能的袒护，而他却坦然地面对读者的各种评论，说明他自身有着很高的情绪智商。因为只有了解别人，懂得用角色互换去思考，才能一点点征服读者，取得信任。

当前，人们在健身、养生甚至美容等方面都倾注了大量的精力，却忽略了对自己的情绪管理。殊不知，没有任何一种灾难能像负面情绪带来的心理病痛一样，给人们持久而深刻的痛苦。

在生活中，我们最常见的负面情绪就是气不顺，像文中所说，谁都会生气，脾气再好的人也不会例外。那么，我们该如何提高情绪智商，让自己过上不生气的生活呢？

我个人认为，如果想避免生气，最好的办法就是找到一本能够快速提高情绪智商的实用书。

以前别人遇到烦心事或者想不明白人生意义的时候，我都会推荐他去看书。作家唐心所著的《气顺了，人生就顺了——提高情绪智商的 66 条

气顺了人生就顺了

金科玉律》就是这样一本书。他透过一个个精辟生动的故事将艰涩的成功学知识变得通俗易懂，教会你扔掉坏情绪，将人生的哲学和成功的智慧一"气"统之！

　　当然，能否透过阅读本书达到你心目中的成功，书中也不会有答案，但是它一定能让你远离生气，学会用争气来成就自己。至于你的成功是什么样子，一切当然由你自己说了算！

自序

想气顺就要争气

芸芸众生有各种各样的"气"。有堂堂正正的胆气、义气、志气、才气，也有来者不善的霸气、官气、牛气、邪气、痞气……杂七杂八，不一而足。但是在日常生活中，我们听到最多的却是生气、赌气、不争气，总之，你也有气，他也有气，我也有气，大家都有气。

是什么原因让我们如此气不顺呢？在我来看，所有的"气"除了人体的元气是先天固有的之外，其余的大多是后天才来的，争来的，赌来的。人是虚荣和攀比的动物，很多时候，都会觉得别人拥有比自己多，别人的人生比自己的顺利，别人所有的一切都比自己好。并且在心里不停地埋怨："为什么老天把最好的都给了别人，而忘了这个世界上还有一个我在等待他的眷顾呢？"尤其是在遭受了一连串打击和不幸之后，心里的不满就会更加强烈，所有的怨气、怒气、火气都会跟着跑出来。于是，我们便开始和命运无休止地怄气、赌气、斗气，以为只要不原谅它，跟它对着干，它就会注意到我们。

这种幼稚的想法当然会害苦我们，让我们在失去了青春年华和大好时光之后，在屡战屡败中连最后的勇气和骨气都失去了。

之所以会有这样的结果，是因为我们一开始就把对抗的矛头指错了方向，把力气用错了地方，所以根本不可能得到任何回报。面对生活的劫难和命运的不公，我们应该学会把气理顺，而不是把时间和精力浪费在毫无意义的赌气和生气上。

星云大师在《宽心》这本书里写过一句话：赌气不如生气，生气不如争气。

赌气就是感到自己受到了不公正的对待，认为别人看轻了自己，所以很不服气，急于想证明自己并不差。可是这样对着干往往是不会有一个好的结果。而生气是一时的、短暂的，并不是必然又冲动的行为，所以赌气不如生气。但生气一方面显示了自己的气量狭小，另一方面又起不到任何作用。因此，与其干坐着生气，倒不如好好争口气。

有一位自以为很了不起有才华的年轻人，因为得不到重用而痛苦万分。他质问上帝："命运为什么对我如此不公？"

上帝从路边捡起一枚石子，随手扔了出去然后问他："你能找到我扔出去的那枚石子吗？"

年轻人摇了摇头。

上帝把手指上的金戒指摘下来扔到石子堆里，问年轻人："你能找到我的金戒指吗？"

年轻人很肯定地回答："能！"

上帝说："当一个人抱怨自己怀才不遇时，往往是因为他还不过是一枚石子，而远远不是一块金子。你不能像一块金子那样耀眼夺目，又怎能要求别人将你从石子堆中识别出来呢？"

当我们觉得命运不公、境遇不佳而赌气、生气的时候，不妨想一想自己是石子还是金戒指。即便自己是石子，有朝一日也会透过不懈的努力点石成金。但这一切的前提就是，不赌气，不生气，要争气。

那么，我们该如何争气呢？

最好的办法就是透过不赌气来消除怨气，用不生气带来福气，以不丧气唤醒朝气，拿勇气迎接运气，把人气化为底气，最后用志气为自己争气。

气顺了，人生就顺了，当你将自己所有的气都调理好了，成功自然也就离你不远了！

目录

Chapter 1

不赌气才能无怨气

Chapter 2

不生气才能有福气

Chapter 3

不丧气才能有朝气

Chapter 6

有志气才能争口气

Chapter 1

不**赌气** 才能无 **怨气**

我们常常因为得不到自己想要的东西而赌气。我们跟别人赌气、跟自己赌气、跟现实赌气、跟命运赌气，赌气的结果是我们得罪了包括自己在内的所有人。

法则1. 你无法选择出身，但可以选择人生

出身是父母给的，但人生是自己选的。对于出身我们无法选择，但对于人生我们每个人都有自己的发言权。含着金汤匙出生是一种令人羡慕的幸运，打造自己的金汤匙却是一种令人敬佩的能力。别跟自己的出身赌气，相信自己是有能力的人，你就能改变自己的命运。

我们常常会有"同人不同命"的感慨，为什么同样是人，有的人一出生就比我们拥有得多？为什么有的人不用努力就可以衣食无忧，就可以接受良好的教育，就可以轻轻松松地拥有我们费了九牛二虎之力也未必能得到的东西？在人生的起跑点上我们首先就输了别人一大截，我们的人生道路岂不是越落越远？每每想到这里我们不免灰心丧气，感叹老天不公，抱怨造物弄人。

也许命运的确有些不公平，但是如果一直这样抱怨下去，那么命运真的就会把不公平进行到底，跟命运赌气的人最终也只有被命运捉弄的份。与其赌气，不如把自己较真的力气用到其他地方，不去理睬命运中那些令你不满的东西，全心全意地去创造令自己满意的人生。要知道，无论我们是富贵还是贫穷、聪敏还是愚钝，我们每个人都有自己存在的理由和价值，我们是这个世界上唯一仅存的一部分，任何人都无法取代。

人生是可以改变的，只要你付出努力。

有一个黑人男孩因为家庭贫寒而深感自卑，他的父亲是一名常年奔波于大西洋各个港口的水手。为了改变他的想法，父亲利用工作之便带他去参观了梵高的故居。

在那里，男孩看到的是粗糙的小木床和已经破得裂了口的皮鞋。这让他觉得不可思议，因为梵高的一幅画就能卖上千万美元。于是，男孩困惑地问自己的父亲："梵高的画那么值钱，难道他不是大富翁吗？"

"孩子你错了，梵高曾经是一个连老婆都娶不起的穷人。"父亲淡然地回答。

接着，父亲又带男孩去了丹麦，在写下了无数美丽童话的安徒生的故居前，那是一栋再普通不过的破旧屋，小男孩更加不解了："爸爸，安徒生应该生活在金碧辉煌的官殿里，就像他在童话中写的那样。"

父亲笑着答道："安徒生的父亲是一个穷鞋匠，他小时候一家人就住在这栋小阁楼里。"

许多年之后，这个小男孩成了美国历史上第一位荣获普利策新闻奖的黑人记者，他的名字叫做伊尔·布拉格。在回忆起自卑的童年时光时，他动情地说："小时候我家非常穷，父母都靠出卖苦力为生。在很长一段时间里，我一直觉得像我这样地位卑微又家境贫寒的黑人，一定不会有什么出息。这种想法让我觉得自己的世界是灰色的，人生也毫无希望可言。幸好，我的父亲带我认识了梵高和安徒生，面对这两位伟大的艺术家，我告诉自己，人能否成功与出身毫无关系。"

是的，出身也许会影响人生，但并不能决定人生。每个人都有成功的可能，因为成功从来都不会区分出身的高低。我们没有选择出身的权利，但是我们有选择走什么样的道路，让自己的人生更有价值的权利。无论我们的出身多么卑微都同样可以实现非凡的梦想，成就辉煌的人生。有时候，卑微的出身不仅不能阻碍我们的人生，相反还会培养我们百折不挠的精神，让我们实现理想和抱负的愿望更强烈，并且能为我们带来更多的激励和勇气。

林肯是一个鞋匠的儿子，他以卑微的身份当选为美国总统，让那些出身名门的参议员觉得非常不自在，"高贵"的他们怎么可以让一个出身卑微的人来领导呢？

就在林肯的就职演讲上，一个出身上流社会，自认身份高贵的参议员当众羞辱起这位刚刚当选的总统，他态度十分傲慢地对林肯说："总统先生，在你发表演讲之前，我希望你记得自己是一个鞋匠的儿子。"

此语一出，台下的参议员们一片哗然，哄堂大笑之后大家开始议论纷纷。

当众人以为林肯遭此羞辱之后会怒不可遏时，这位新任的总统只是微笑了一下，然后平静而又严肃地说："非常感谢您让我想起了自己的父亲，虽然他已经去世了。您的忠告我会永远记住——林肯是鞋匠的儿子！它会时刻提醒我，我做总统永远没有办法像我父亲做鞋匠那样出色。"

接着，林肯转头对那个羞辱自己的参议员说："据我所知，我的父亲生前也为您的家人做过鞋。虽然我不是一个成功的鞋匠，但是如果您的鞋穿着不合脚，我可以帮您修理。也许我永远没有办法像我父亲那样成为一个技艺高超的伟大鞋匠，但是从他那里我还是学到了一些能够应付简单问题的技术。"

林肯话音刚落，台下就响起了热烈的掌声，人们开始从心里钦佩起自己的总统，因为他并没有忘本，而且引以为豪。

林肯并没有因为拥有了无上的权力而忘记过去，并以新贵自居，相反，因为出身的卑微更让他能切身地体察民情，并且为民众和国家的利益而努力。他用自己身体力行的敬业精神赢得了全体美国人民的敬重，成为美国历史上最伟大的总统之一。

我们任何人都没有必要因为出身的卑微而轻视自己，每个人都有自己的人生价值。正如唐代诗人李太白所说"天生我材必有用"。像林肯那样，有时候出身反而能让我们做更多的事情。

　　世界如此大，总有我们发光发热的地方。因此，无论我们此时有多么失意、多么落魄，也不管我们的出身多么贫贱和卑微，我们都没有必要跟命运赌气。因为我们没有时间来计较出身这个最不能产生价值的议题。如果我们想改变人生，需要做的事情还有很多！

法则 2. 过高的期望值不利于自身的发展

有时候，我们常常高估自己，给自己定下了许多过高的目标，以为有高目标才会有大成就，其实这是错误的。期望值过高，压力必然会大，经过努力仍实现不了预定目标，便容易心灰意冷，情绪低落。

对于未来怀有希望是好事，因为在未来每个人都有成功的可能。但是我们必须知道，并不是每一种成功都与我们"有缘"。基于个人能力大小的不同，我们的理想应该是适合自己的，因为目标过高或者过低都不利于理想的实现。目标过低没有动力，过高又没有能力完成。一旦完成不了，就会让自信心遭受打击，进而灰心丧气，失去继续向前的动力。

心理学家曾列出一个公式：快乐指数＝实际实现值 ÷ 内心期望值。这说明期望值越高，得到的快乐就越少；反之，快乐就会多一些。

我们不妨对自己的过往仔细想一想，为什么我们到现在还没有取得一点点令自己骄傲的成绩呢？尤其是当我们觉得自己已经很努力的时候。有一种可能就是我们太高估自己了，把目标定得过高，以至于自己能力不足，无法完成。

一个英国人和一个犹太人，他们怀着成功的愿望，一起去寻找适合自己的工作。

气顺了人生就顺了

一天，他们走在路上，同时看到地上有一枚硬币。清高的英国青年眼睛眨也不眨就走了过去，而犹太青年却无比激动地将它捡起来放进了自己的口袋。

犹太青年的行为让英国青年大为鄙视："一枚硬币也要去捡，真是没出息！"

而犹太青年的想法却与之相反。他看着英国青年远去的背影感慨地说："钱在眼前都不懂得抓住，让财富白白从身边溜走，才真的是没出息！"

后来，两人同时进了一家小公司，工作非常累，薪水又不多。英国青年见此，不屑一顾地转身走了，而犹太青年则开心地留下来努力地工作。

两年之后，两人在街上相遇，英国青年还在寻找工作，而犹太青年已当了老板。

英国青年对此百思不得其解："你这么没出息，怎么能这么快就发财了呢？"

犹太青年答道："那是因为我珍惜眼前的每一分钱，而你只会绅士般地从硬币上走过，你这样又怎么会成功呢？"

任何一种成功都像累积钱币一样，是一点一滴慢慢地累积起来的。很多人之所以不成功，是因为他们只看到了美好的理想，并且事先把自己摆在了那个既定的高度上。

这样做的结果就是：你没有办法纡尊降贵弯下腰去捡那枚可以给自己带来成功和财富的"硬币"。

这样的人往往对自身的期望值过高，但执行力又十分有限。令人担忧的是，他们一旦达不到自己所期望的高度，就非常容易自暴自弃，最后毁了自己的人生。

在世界闻名的微软公司曾经有这样一名员工，他对自己的期望值非常高，认为自己在这样一个世界级的顶尖公司一定会有一番大作为，然而事情的结果却完全不是他想的那样。

能进入世界顶尖的软件公司工作，显然这名员工具备一定的能力。不过他有一个非常大的缺点，就是自视甚高并且喜欢自吹自擂。

他对自己现在的职位十分不满，常常抱怨主管是一个不懂得辨别和重用人才的人。

于是，他离开了原来的工作组，希望在微软的其他工作组找到更高的职位，受到应有的尊重。

就这样，他在公司的内部换来换去，最终也没有一项工作适合他。而他的自视甚高和目中无人也让公司的同事对他很恼火。因为他不把别人放在眼里，而且完全不懂得与人合作，最后不仅没有发挥出自认为的才能，还被同事孤立并拉进了"黑名单"。

这名自视甚高的员工在屡屡遭受打击后，失去了原有的自信和热情，最后沮丧地离开了公司。

气顺了人生就顺了

我们经常把"人贵有自知之明"挂在嘴边，但是却又做着与之相反的事情。不可否认，每个人都有自己的人生价值，但是这种价值的实现是以现实为依据的，如果把自己摆得太高，最终可能什么都得不到。

在工作和生活中，对自己期望值过高的人往往容易浮躁、冒进，不善于和他人合作，在事业受到挫折时心理落差很大，难以平静客观地对待事实，进而失去获得成功的机会。

所以，我们若想取得成功，就应该对自己的素质、潜能、特长、缺陷、经验等各种成功的基本要素有一个清醒的认识，只有这样才能对自己在现实生活中扮演的角色有一个明确的心理定位。

只有定位准确了，我们才能更加快速和准确地完成任务，才能离成功更近。

法则3. 人无完人，别把自己困在完美里

"我要把事情全部做完，现在就做，而且要把它做对、做好为止。"——这是典型的完美主义论调。我们当然应该努力把事情做到最好，但是人永远无法做到完美。人生的变量如此的多，没有人会从不犯错。所以，我们不能要求自己做一个"完人"。因为完美主义会让人吹毛求疵，会产生严重的挫败感，而且完美的人也根本不存在。

普拉托里尼说过："即使在一粒最好看的葡萄上面，你也会发现几个斑点。"所以，不管是人还是事，在这个世界上都不可能是完美的，而追求完美的结果也许只能是失望而已。

一个男人到一家婚姻介绍所希望找到自己的另一半，结果面对他的只是两扇门：一扇上面写的是"美丽的"，另一扇上面写的是"不太美丽的"。

男人不由地推开了"美丽的"那扇门，进去之后迎面而来的又是两扇门：一扇上面写的是"年轻的"，另一扇上面写的是"不太年轻的"。男人毫不犹豫选择了"年轻的"那扇门，结果迎接他的还是两扇门。

这次，一扇上面写的是"有钱的"，另一扇上面写的是"不太有钱的"……如此一路选下去，男人前前后后推开了九道门。当他推开最后一道门的时候，上面写的却是："您所追求的过于完美，请到天上去寻找吧！"

这是一个笑话，但是却反映了一个真理：过分追求完美只能以失望收场。苛求人或事的完美其实是在跟自己赌气，因为这个世界上并不存在完美的事物。一个过分追求完美的人，在某种意义上是一个十分可怜的人，他可能永远无法体会有所追求和有所希望的感觉，也永远无法体会收获的喜悦。因为他所追求的不仅仅是好，而是超越别人和受人瞩目的好。他们对一切不完美的事情吹毛求疵，根本无法享受过程和体会快乐。

安妮是一个绝对的完美主义者，凡是她经手的事情每一件都必须做到不差分毫才放心。但是在别人看来，她所做的工作却很少是成功的。

她就像得了强迫症一样，一份简单的报告要斟酌好几个小时才能提交，浪费精力不说，还经常误事；在她发表看法时，为了让每个人都明白自己在说什么，她会围绕题目说个没完，自己说得口干舌燥，听众也跟着受累；为了保持房间的整洁，她的家里从来都不欢迎"不速之客"；举办宴会时，她会将所有的细节全部事先安排妥当，每一个环节都要完美无缺，哪怕一点小小的意外都不允许出现……

这个女人对工作和生活可谓是煞费苦心，可是在别人看来，这种近乎机械式的完美一点都不美。因为它是以付出欢乐、自然和温暖为代价的，而换来的结果却是乏味之极、无聊透顶。

对生活的每一个环节都安排好，而且必须要求自己按部就班地去完成的完美主义者，其生活是毫无乐趣可言的，因为他们忽视了生活中因为意外和不确定所带来的惊喜和刺激。完美主义者无法容忍自己的生活出现差错和意外，任何纰漏或意料之外的事情都会让他们惶恐不安，做错任何一个环节都会让他们痛恨自己。

除了害怕做错事情影响别人对自己的看法，不被别人喜欢之外，很多时候，完美主义者想把事情做好是害怕承受不能做好所带来的损失。

巴顿想要学习投资，好为将来做更好的计划。为了获得一个完美的投资，他读了很多的书，浏览各种经济和投资类的网页，并且还关注时事新闻，在报纸上寻找各种相关的信息并且记录下来……在他研究投资的这段期间，他学到了非常多的知识，完全具备了作为一个投资者的基本条件。但是他却迟迟没有将这些学来的知识用于实践，因为他害怕市场有波动，那些起起落落的数字令他感到不安。他总希望能够找到一个没有失败的方法，为此他付出了巨大的努力，花费了大量的时间和精力。

可是，无论他如何计算都没有办法得出一个百分之百没有差错的结果，因为股市的不确定性太多了，不可能完全被预测和掌握。所以，好几年过去之后，巴顿仍然没有做任何投资，因为他还在等那个可以完全有把握的机会。

巴顿从来没想过，如果他当初用自己的常识，并且愿意承担一些不完美的风险，他现在已经要比还在思考完美投资的那个时候更有钱。

瑞格勒说："如果你要等到所有的交通信号都变成绿灯才要出城，那么你永远都没办法离开。"

凡事必须完美无瑕，不完美的事就不去做——这种想法是可怕的。因为一定要知道所有答案，让所有的事情都在自己的掌控之下，就会拖延我们下决心的时间，从而错过那些让自己卓越的机会。

因此，无论是对待自己还是对待别人，或者是对待任何事情，都不要太过严厉和苛刻。完美是一个牢笼，它会将你的思想、才华和创意禁锢住，让你没有办法向前迈出探索的脚步。试想，如果你不往前走，又怎么可能到达目的地呢？

法则 4. 别人的东西未必就是好的

人类最大的悲哀在于：我们永远在看着别人，羡慕别人，而对自己已经拥有的东西却并不在意，更不知道如何珍惜。

很多人都不知道自己有多么的富有，因为他们的眼睛总是盯着别处。人的眼睛其实有两种功能：一种功能是向外看别人，另一种则是向内看自己。但是由于眼睛的位置是固定的，我们习惯了向外看，却无法审视自己。

我们看到的是别人拥有的，并且觉得别人的东西都是好的。这似乎成了人们的一种怪癖，因为得不到就觉得是最好的，好像别人的糖都比自己的甜。其实我们不知道，当我们在羡慕别人的时候，别人也可能在羡慕我们。

雅静拉着老公去逛百货公司，刚好遇到那里正在搞活动，一些名牌女装正被摆在一起做特价促销。这种做法显然吸引了很多追求名牌又嫌贵的女士，于是一堆女人挤在热卖专区争着挑选心爱的衣服。

雅静当然也不例外，她放开老公便冲了进去。但是促销的衣服款式太多了，她迟迟拿不定主意要买哪一件，便不时举起衣服大声问老公："喂！你看这件怎么样啊？"很显然，她希望能从自己的老公那里得到答案。

当雅静又拿起一件衣服向老公询问时，发现对面有一位小姐手里拿着的一件上衣比自己手中的这件更漂亮，无论是款式还是颜色都非常好，于是她盯着对面小姐手里的衣服默念："放下，快点把它放下……"

说来也奇怪，雅静的默念居然奏效了！念着念着对面的那位小姐还真的将手中的衣服放下了。雅静眼疾手快立刻放下自己手中的衣服去抢那件看上去更漂亮的，而且成功得手。

付完钱之后，雅静的心情非常好，她对自己的老公说："今天运气可真好，这件衣服差一点就被刚才的那位小姐给抢去了。"

她的老公听后扬了扬眉毛笑道："的确如此！不过我想那位小姐心里想的肯定和你一样，你瞧，她现在正开心地抓着你原先拿的那一件不放呢！"

这个故事也许看起来很可笑，然而我们却不能否认它的真实性。在现实生活中，我们不是常常都在盯着别人手里的那件"衣服"不放吗？我们总是觉得别人的那件"衣服"比我们的这件要好，然后千方百计想得到它，却从来没想过我们自己所拥有的这件"衣服"其实已经被别人眼红了好久。

对于拥有的东西人们往往不满足，因为我们总是看到别人有而我们没有的东西。当然，不满足并不一定是坏事——只要它能够变成你进取的动力。如果能得到自己想要的也没什么不好，至少我们的目的达到了。不过，有时候事情也许完全出乎我们的意料之外，别人手里的糖未必比我们的甜，有时我们所羡慕的那些东西不仅不好，也许还可能让我们处于危险之中。

一天，一个年轻人要到另一个村庄去办一些事。这个村庄和自己的村庄之间隔着一座大山，而且据说山上有老虎出没。

出发之前家人叮嘱他说："要是途中遇到老虎一定不要惊慌，你只要爬到树上，老虎就奈何不了你了。"

年轻人记住了家人的话，在他上山的路上果然遇到了老虎，那只饥饿的老虎朝他飞驰而来，年轻人不顾一切迅速地爬到了树上。

虽然上了树，但是树下的老虎仍然不肯离去，它围着树咆哮不已，并且拼命往上跳，想要扑到年轻人身上。

年轻人本来已经爬到了树上，但是由于惊慌过度，老虎又在下面一阵猛吼，吓得一不小心从树上跌了下来，而且刚好跌在老虎的背上。

一个突然从天而降的人落到背上，显然也让老虎受了惊吓，它立刻狂奔起来，年轻人为了不被摔下山只好抱住老虎不放。

这时来了一个过路的人，路人不知事情的缘由，看到骑在虎背上的年轻人十分羡慕，他感慨不已："能够骑在老虎身上该有多威风啊，那人一定像神仙一般快活！"

骑在虎背上的年轻人听到了路人的感慨苦笑着说："你只看到了我威风快活，哪知道我现在是骑虎难下，心里害怕得要死呢。"

正如萧伯纳所说："你可知道，人类总是高估了自己所没有东西之价值。"

其实，别人的东西未必就是好的，而且即使是好的你也未必就能驾驭得了。如果现在真给你一只老虎，你难道真的有胆量和能耐骑着它去兜风吗？

法则5. 现实不是你的敌人，学着接受并适应它

现实就在那里，它不会因你的抱怨和敌视而改变，甚至你的存在或消失对它也产生不了丝毫影响，但它却能够改变你的人生。所以，与现实作对没有任何好处，不如面对并接受它吧。

英国西敏寺教堂的一位圣公会主教的墓碑上有这样一段墓志铭："在我年轻时，我的想象力是自由而不受任何限制的，当时的我梦想着自己可以改变整个世界。可是当我渐渐长大，我明白这个世界是无法改变的，于是我把自己的目标放低，决定去改变自己的国家。不过，我发现这也很难。当我开始变老的时候，我仅存的一丝希望是改变我的家庭以及我最亲近的人。但是，很遗憾他们没有人愿意接受改变。在临终之时，我终于意识到——要是最初我改变的只是自己，我便能感化和改变我的家人；然后，在他们的鼓励和激发下，说不定我就能改变自己的国家；最后，谁晓得呢，也许我连整个世界都可以改变也说不定。"

改变世界、改变周围的环境曾经是很多人的梦想，但现实却是：面对周围的环境，甚至是整个世界，我们是无能为力的，我们需要改变自己去适应社会才行。在这个过程中，很多人觉得现实是残酷的，它剥夺了我们的梦想，让我们的生活永远不那么如意，我们需要每天拼命奔跑，否则就会被它淘汰。于是，我们埋怨它，甚至憎恶它，认为它是我们的敌人。其

气顺了人生就顺了

实我们搞错了，是我们把改变的步骤弄反了。如果我们连自己都没有能力改变，又凭什么让世界的脚步跟着我们走呢？

也许你曾经不止一次看过下面这个故事，但是不妨再看一次，这会对你有用。

曾经一个年轻人想学习搬山术，可是学了很久都没有办法将山搬过来。这让他非常沮丧，决定去请教一位搬山术非常厉害的禅师。

禅师笑而不语，他走到山脚下对年轻人说："所谓的搬山术不过是拉近你和山的距离，既然山不过来，那你就过去吧！"

山不过来，你就过去！这不是自欺欺人，而是一种人生智慧。既然无法改变现实，那就欣然接受现实并走进现实，结果会令你意想不到。

相传在很久以前，有一个国家里的人都是光着脚走路的。一天，这个国家的国王要到非常远的乡间去旅行。因为光着脚再加上路上有很多的碎石头，国王的双脚被割破了。

国王非常生气，回到王官之后，他立刻下令将全国所有的道路全都铺上牛皮，如此一来，不仅自己，全国所有的人都不会再被石头割伤脚了。国王觉得自己做了一件大好事。

这个办法好是好，可是一时之间去哪里找那么多的牛皮呢？即使将全国所有的牛都杀光，也不可能筹措到足够多的牛皮去铺路，这个想法实在是不现实。

正当大家为此愁眉不展、有苦难言时，一个机智而勇敢的大臣向国王谏言："国王陛下，我们实在没有必要如此劳师动众。与其用大量的牛皮去铺路，不如只用两小片牛皮包住您的脚。这样一来，无论您以后走到哪儿，都可以让双脚免受任何伤害。"

国王觉得这个办法太好了，既不用劳民伤财，又能让大家的脚免受刺痛之苦，简直完美至极，于是便采用了大臣的建议。而这种简单又实用的方法很快在全国乃至全世界流行开来。

据说，这也正是皮鞋的由来。

现实的环境也许是残酷的，就像路上的碎石那样割脚，而将全世界的路都披上牛皮正像我们的理想。可是实现这个理想几乎是天方夜谭。但是如果我们换一个角度，先从自我出发，接受现实的不平和崎岖，并且想一个好办法让自己去适应它，那么意想不到的事情便会发生。我们因为改变了自己而改变了世界，让全世界的人都穿上了"皮鞋"，那么我们还会担心现实"割脚"吗？

无论你是初出茅庐，还是久居江湖，现实总有不能如你所愿的时候。当你感到环境不适合你时，不要去赌气或者较劲，而应尝试着改变自己。现实不是我们的敌人，接受并适应它并不是一种对现实的认输和妥协。因为无论如何我们都生活在现实中，只有接受它，才能适应它，进而了解它直到成为朋友。

对于一个我们所熟悉的朋友，改变起来是不是要容易很多呢？

要想获得成功，首先要找到适合自己的位置，给自己一个精确的定位。任何好高骛远或者眼高手低的行为都会影响我们对自己的判断，甚至阻碍我们获得应有的成就。

人们之所以对现实有诸多的抱怨，并不是现实真的做了什么对不起他们的事，而是现实没有给他们想要的。其实现实也很无奈，因为即使它想给你，你也未必能够接得住。好的机会和运气并不适合所有的人，正如"瓷器活"是要有"金刚钻"与之匹配，做能力之外的事情，结果只能让人失望而已。

有一个富翁，他在散步时弄丢了自己的爱犬，四处寻找不到，便张贴了一则启事："有狗丢失，归还者将获得酬金一万元。"并在启事旁附上了一张小狗的画像。

启事贴出之后，富翁家变得门庭若市，送狗者络绎不绝。然而送来的狗虽然很多，却都不是富翁家的。

两天过去了，富翁的太太很着急，她对丈夫说："我们的狗可是一只纯正的爱尔兰名犬，真正捡到狗的人一定嫌钱给得少，所以才没有送来。"富翁觉得妻子的话有道理，于是便把酬金改为两万元。

其实，真正捡到这条狗的是一个乞丐，当时他在公园的躺椅上打盹，醒来便看到了这只走失的名犬。但是他并没有实时地看到第一条启事，当他知道送回这只小狗可以拿到两万元时，兴奋无比，他感觉自己沉寂多年的好运就要降临了，决定第二天一早就把狗送回去。

可是当第二天他给富翁送狗的时候，却发现寻狗启事上的赏金已经变成了三万元。这让乞丐很震惊，一天一万元，这可是他做梦都没想过的事情。

乞丐心里开始琢磨："如果我晚两天送过去，岂不是可以得到更多的钱？"于是，他又把狗带了回去。

之后的几天里，乞丐几乎没有离开过启事牌。他看着酬金一路飙升，反而越来越镇定，他确信只要自己不把狗送回去，就能得到更多的钱。当酬金涨到使全城的市民都感到惊讶时，乞丐才返回他住的窑洞。

然而眼前的景象让他吓呆了，那只价值连城的狗已经死了。它在主人家里吃的是新鲜的牛奶和肉骨头，对乞丐从垃圾筒里捡来的残羹冷炙根本"无福消受"，没几天就饿死了。

对于乞丐来说，这笔丰厚的酬金犹如一个人的伟大理想，丢失的狗是人生当中的机遇，而新鲜的牛奶和肉骨头相当于一个人的才能。我们想要获得成功，空有理想是没有用的，还需要有实现理想的资本。

但现实当中的很多人却像那个乞丐一样，是没有多少能力的。他们眼高手低，希望理想更加丰满，成就更加巨大，却从不去想自己有没有能力来得到它。当我们因为怀才不遇而赌气时，请先认真地想一想，我们是不是太过好高骛远，这个天大的好机会究竟适不适合自己去做呢？

索尔格纳夫说："一个人不要做他想做的，或者应该做的，而要做他能做得最好的。拿不到元帅杖，就拿枪；拿不到枪，就拿铁铲。如果拿铁铲能拿出名堂，那么拿铁铲又何妨？"

在做任何事情之前，我们必须先认清自己，然后给自己一个准确的定位，看看自己究竟适不适合做这件事情。如果去做能有几成把握，到底能不能做好。如果这件事情并不在自己的能力范围之内，那么无论它的奖赏多么诱人都不要去做。因为最后你不仅什么都做不好，还毁了自己的一世英名。聪明的人是绝对不会犯这种错误，比如爱因斯坦。

20世纪50年代，在科学领域取得辉煌成就的爱因斯坦得到了全世界人民的尊重。而作为一个犹太人，他在犹太人聚集地的以色列更是具有超强的人气和非凡的魅力。他甚至收到以色列当局的委任状，恳请他回去就任以色列总统。

作为一个犹太人，能够当上犹太国家的总统，这是多么光荣和自豪的一件事啊！然而，爱因斯坦却断然拒绝了。他说："我的一生都是在和客观物质打交道，既缺乏天生的才智，也缺乏经验来处理行政事务以及公正地对待别人。因此，本人不适合如此重任。"

任何人都是这样，先了解自己在什么领域能实现最大价值，然后再走进那个领域，这样才更有可能遇到合适的机会。爱因斯坦当然知道当总统是多么光荣的事情，而且那个职位的高度是多么令人艳羡，他难道对于总统之位一点都不动心吗？当然不是，任何想要让自己的人生变得非同凡响的人都会希望自己更加卓越。但是爱因斯坦也清醒地知道自己根本就不是那块料，他知道自己能做什么不能做什么，显然总统这个位置是不适合他的。

如果他真的当了总统，那么很可能连他因为伟大的科学贡献所带给自己的荣誉都会被毁掉。在这个问题上，爱因斯坦显然是聪明的，因为他没有选择更好的，而是选择了更适合自己的。

做自己能做的事情，才能将事情做好，这才是成功的关键所在，关于这一点，我们每个人都应该谨记。

法则 7. 在没撞到墙之前，及早回头

我们固执地遵从内心的驱使，与现实和一切阻碍我们的人对抗，以为这是有个性、有骨气、有毅力、有勇气的表现。其实，这种近乎蛮干式的勇敢不过是一种不知变通的傻气行为。所以，我们在任何时候都不要凡事坚持到底，否则，不仅达不到目标，还会造成无法挽回的损失。

所有人都知道"不撞南墙不回头"是一种傻气的行为，但是在现实生活当中，我们很多人却依旧在做着这种事，并习惯将这种行为称为执著。没错，执著的确是争取成功必须具备的一种因素，但是仅限于你选择的道路是正确的。如果前面等着你的是一堵墙，在你还没有看到成功是什么样子的时候，就已经被撞得头破血流了，你还有什么力气让自己继续朝成功迈进呢？当然，如果在这个时候你懂得变通，适时掉头还是有希望成功的。如果意气用事，非得坚持到底，说不定会造成无法挽回的损失。

有两匹马，一高一矮。高的那匹长得俊美挺拔，一派飒爽英姿，被人们称为良驹，而它自己也以千里马自居；矮的那匹就差很多，身材矮小不说，样子也极其丑陋，尾巴上的毛都掉光了，一副历经风霜的模样，这匹马常被人们归为劣马一类。

这两匹优劣不同的马一起走在大草原上。它们悠闲地吃着肥美的嫩草，心情舒畅，步伐轻快。两匹马边吃边聊，不知不觉便朝着荒漠走去。矮个子的劣马提议："等我们把这些草吃完，再回去吃那些没吃完的吧，你看我们身后还有那么多呢！"

高个子的良马听了之后冷哼了一声说："你没听过好马不吃回头草这句话吗？前面肯定还有更多更好的青草，我要继续往前走，不能辱没了好马的名声，要吃你自己回头去吃吧！"说着，好马便头也不回地向前跑去，它相信自己是一匹有理想有骨气的马，怎么可能做"吃回头草"的蠢事呢？

前方的青草越来越少，劣马已经决定往回走了，它可不想冒着饿死的危险跟自己的肚子赌气。而好马却不肯回头，即使前面没有草了，它也不回头，它要勇敢地走下去，因为它是一匹好马。

就这样，劣马掉头去吃那些肥美的青草，而好马还在"勇往直前"，但是迎接它的却是一片荒漠。它走得精疲力竭、口干舌燥，依然不肯停下自己高贵的脚步，最后在漫漫的荒漠中一头栽倒，再也没能站起来……

好马不吃回头草是意气，不是志气更不是骨气。于是一路坚持到底，撞了南墙还不知回头，最后连自己的命都丢了，还谈什么理想和抱负。世间的"好马"常常因为意气用事而堵住自己的退路，让自己没有回旋的余地，他们以为这是勇敢，其实这是毫无意义的蛮干。

很多人认为"撞了南墙也不回头"表现出的是一种一往无前的勇气，但是这种勇气无疑是盲目的。因为在前方已经没有路的情况下依然执迷不悟，即使你有铜头铁臂也难保自己不疼，即使不疼，"此路不通"的挫败感难道对你不会有一丝一毫的影响吗？

勇撞南墙的人只是一时看上去很有骨气的样子，但对于自身的发展而言却毫无益处。只不过大部分的人都没有意识到这一点。我们当然应该有志气和勇气去追求我们想要的东西，但是前提是我们必须认清自己的前途是一条康庄大道还是一条死胡同，并确定它究竟是不是值得我们坚持到底。所以，在我们为理想前进的途中，不妨静下心来仔细想一想自己的付出是不是有价值，万万不要因为固执而断送了自己原本应该很好的前程。

　　无论我们的个性和对未来的期望如何，在挫折和碰壁面前，我们若固执地不肯低头，只会撞得头破血流。适时低头、积极变通，才是真正勇敢的表现。唯有如此，我们才是真正认识了自己，也才有机会和勇气以积极的心态去迎接明天的挑战。人生的胜利不在于一时的得失，而在于谁能走到最后。成功凭借的不仅仅是一腔热血，更重要的是我们的智慧。而回头往往包含着新的机会、新的开始和新的面貌，当我们回头时才会发现出路在哪里。

气顺了人生就顺了

法则 8. 不要跟过去过不去

在过去的记忆中打转，荒废了今天，耽误了明天，结果什么都没能得到。

古希腊诗人荷马说过："过去的事已经过去，过去的事无法挽回。"

对于已经成为往事的过往，人们为什么总是走不出来呢？既然已经过去，既然无法挽回，为什么还要执迷不悟呢？也许过去给了我们太多的记忆，那种记忆太过美好或太过糟糕，结果却让我们将今天变成了明天糟糕的回忆。

沉迷于过去不仅会耽误今天的事情，还会给我们的身心带来莫大的伤害，让我们的记忆因禁在过去的牢笼里，而我们自己也与待宰的羔羊无异了。

珍妮六岁时，有一次爸妈都出去不在家，家里停电，她和弟弟非常害怕，大半夜跑到楼下等爸妈回来。姐弟两人一边等一边伤心地抱在一起哭，以至于以后每次停电珍妮心里都有一种莫名的恐惧和想哭的冲动。

苏拉十八岁初恋，跟男友一起去坐旋转木马时擦出爱的火花，结果却以分手收场。尽管两人是心平气和地结束恋爱关系，但是从这以后，苏拉每次看到旋转木马都会产生巨大的心理反应，甚至不敢再踏入游乐场半步。

薇薇的情况更加严重，当时她正在等 14 路公交车，在汽车驶来的时候她接到奶奶病逝的消息。从此，她再也不坐 14 路公交车，甚至对 14 这个数字都很憎恶，每当它出现的时候都会让她想起那个悲伤的午后。

每个人的过去或多或少都会有这样或那样不愉快的记忆，这些记忆一遍一遍地扰乱着我们的神经，让我们的心灵不得安宁。我们越是想要忘记，越是记得清晰，因为试图忘记的过程，本身就成了一种对它的温习。温习的次数越多，记忆就越深刻，自然不是一两句话就能一笔勾销的。

拿得起放得下，也并不是说到就能做到的，因为我们总是在跟过去较劲，"释怀"这个词语总是让人难以释怀。

一个事业有成的女人，家庭出现了危机。她得知丈夫出轨的消息后，悲痛万分，绝望地独自一人来到他们第一次见面的地方。

这里处处写满了他们过去的美好记忆，女人的思绪如同纷飞的落叶一般，飘摇着回到了七年前。

那时候，这个女人如一朵即将绽放的玫瑰花一般，鲜艳欲滴。在大学举办的秋游会上，她与他邂逅了。两人一见钟情，携手攀爬到了山的顶峰，并旁若无人地对着天空许下了海枯石烂的誓言。毕业后，两个人一起走进了婚姻的殿堂，日子虽然过得拮据，但是却充满了爱的温暖。

婚后的日子一天又一天过去了，夫妻两人白手起家，凭借着顽强的毅力和辛勤的汗水共同创建了现在行业内赫赫有名的公司。可是在婚姻的第七个年头，女人意外地发现男人身上有了其他女人的香水味，经历七年之痒的婚姻也就这样即将走到了尽头。

山顶的冷风将女人的思绪拉回到了现实，但是对于过去的种种怨恨依然萦绕在心头，这种怨恨甚至让她绝望。此时的她脸庞满是痛苦的泪水，她盯着山下的深渊，竟然产生轻生的念头。当她刚要纵身跳下的时候，却被人一把拦下。女人回头一看，原来是山上旅店的老板娘。

在和老板娘彻夜长谈后，女人得知对面这个精明能干的女人也曾有过一段不幸的婚姻。

气顺了人生就顺了

"那时的我和你一样，恨不得一死了之，但是随后想想人生苦短，沉浸在过去的回忆与怨恨中，我这辈子就毁了。如果一切向前看，我还能拥有幸福的明天。我现在的老公对我疼爱有加，我们两人一同打理山顶上这家小小的旅店，过得平和惬意。"

老板娘顿了顿又说："你仔细回想一下，七年前的今天，你在这里遇到了生命中的另一半，但是在遇到他之前，你是独自一个人。七年后的今天，你自己来到山顶，依然还是一个人。换个角度想，现在的你和七年前一样，依旧可以有美好的未来。"

女人听了老板娘的话如同醍醐灌顶，她决定试着抛开过去。既然往昔已经对自己没有任何价值了，为什么还要为之付出轻生的代价呢？于是，第二天下山后，她平静地与丈夫分割了打拼多年的财产，签下了离婚协议书。

光阴荏苒，很多年过去了，女人第三次爬上了山顶，与此前不同的是，她找到了一个真正爱她的人。

过去的苦与乐经常这样跑出来折磨着我们，让我们无法忘记它，但却对我们没有任何价值可言。那么，我们就必须想办法去摆脱它，不管遗忘与放开有多难。如果我们不想毁掉自己的生活，就必须尝试着去做。

别跟过去过不去，因为过去不会对你的人生负责，跟过去赌气对你一点好处都没有，你又何苦浪费这个时间呢？

"记住该记住的，忘记该忘记的，改变能改变的，接受不能改变的"——这是一条通俗易懂的人生哲理，只是能做到的人却不多。不怪你的心灵不够坚强，只怪它还不够豁达，若真有一天能把一切都看淡了、放下了，那些痛苦的记忆也就奈何不了你了。

法则 9. 与别人斗气等于跟自己怄气

跟别人斗气其实没有什么好处，因为不管你是否真的气到了别人，你自己都一定先把自己气到了。而且很显然，斗气是一种不成熟的表现，一个很容易就被别人左右情绪的人是不能主宰自己的。试想，当你的喜怒哀乐掌握在别人手里的时候，你又怎么可能驾驭得了自己的人生呢？

喜欢斗气的人很容易被别人的一言一行所左右，别人还没怎么样自己就已经气到不行了，非得争出个所以然来才甘心。可是最后的结果往往是在跟自己过不去。因为当你在为别人所说的一句话或者所做的一件事斗气时，你的思想和情绪其实是被别人所左右的，对方也许正是想让你生气才说那些或者做那些的，你如果真的生气去跟他较真，那你也就真的上了对方的当了。

安妮的同学向她哭诉，说觉得生活没意思，感觉不到幸福在哪里。

安妮觉得很奇怪，因为对方很早就找到了如意郎君，而且生了一个可爱的儿子，工作稳定、生活平顺。于是安妮打趣道："凭什么就你应该活得最有意思啊？房子也有了，儿子也能跑能跳了，老公对你也挺好的，你还想怎么样啊？"

同学说："好什么啊，我现在觉得自己日子过得一点指望都没有。我

气顺了人生就顺了

本来薪水就不高，老公工作的那个学校的待遇不提也罢。早就想买车了，一直买不下来。我邻居前两天居然买了我看上的那款汽车，还跟我炫耀。她有什么啊，不就是老公有点钱吗？就她老公那模样，我才看不上呢……"

"既然看不上，你义愤填膺做什么？我看不是因为人家买了你买不起的那辆车，也不是人家那个长得很丑的老公比你老公有钱，而是因为曾经跟你一样甚至还不如你的那个人现在居然比你过得好。"同学不说话了，安妮又接着说："你都三十几岁了，怎么还跟孩子似的，总觉得别人的糖比较好吃。要幸福其实挺容易的，但是你总想着比别人幸福，那当然就难了……"

斗气往往出于一种心理，那就是嫉妒。

因为我们看不得别人比自己好，尤其是那个本来跟我们在同一起跑线的人，居然跑在我们前面，这无名之火怎么能不油然而生呢？不跟对方斗一斗，自己又怎么咽得下这口气呢？但是事情往往是在你还没有跟对方斗之前，自己就已经气得不行了。也许有人会说"输人不输阵"，即使斗不过也得把气势拿出来，但这种斗来斗去的结果却是既伤了自己的元气，又伤了与对方的和气。

电视剧《武林外传》中有这样一幕：佟掌柜的姐妹千里迢迢来看她。他乡遇故知，这本来是件好事，但是两个人从小好斗气，攀比的性子却坏了这件好事。

佟掌柜因为姐妹嫁入豪门、锦衣玉食而虚荣心大发，打肿脸充胖子，拿出自己的家底来跟她相比，饭要吃最好的，衣服穿最好的。结果没两个回合，自己就因财力不济败下阵来。正当佟掌柜为自己的失败捶胸顿足的时候，却无意中发现自己的姐妹嫁的老公是一个说话不利索的糟老头子。这让佟掌柜一下子虚荣心爆满，并且用计当着众人的面拆穿了姐妹华丽外表掩藏的真相，结果弄得姐妹颜面扫地，还差点拆散了一对恩爱夫妻。

在这场斗气比赛中，两个人可谓两败俱伤，既伤钱又伤感情，让别人不好受，自己也没好受到哪儿去，真是一点意义都没有。

斗气其实是自己跟自己怄气，因为心理不平衡，所以才有气可生，于是才把气发泄到那个让自己不平衡的人身上。这当然是一个不好的行为和习惯，无论于己于人都不会从中得到真正的胜利。

希望超越别人，取得更辉煌的成就当然是情有可原，但是斗气绝对不是达到这一目的的正确途径。在无休止的斗气过程中，耗损的是自己的能量，伤害的是自己的人脉，浪费的是自己的时间和精力。正如林肯所说："有决心有所成就的人，绝不肯在私人争执上浪费时间。争执的后果不是他所能承担得起的，而后果包括发脾气，失去自制。当你遇到恶犬挡道时，最聪明的方法还是避开它，别跟它为争夺路权而起冲突。如果被它咬伤了，就算你最后杀了它，你的伤口仍将存在。"

所以，如果你够明智，一定不要被情绪的恶犬所左右，它可是会毫不留情地咬你一口的，而你伤不起。

气顺了人生就顺了

法则 10. 拳头并不能解决问题

当别人做了对不起我们的事情，谁都难免会生气，但是想要解决问题，大发雷霆加拳脚相向是完全发挥不了任何作用的。拳头的震慑力远不及它给事件造成的恶劣影响，而且当你的拳头打到别人身上的时候，你自己难道不会疼吗？

生活中难免会有一些事情让我们怒火中烧，尤其是脾气暴躁、肝火很旺的人，很容易就被别人的一些过激行为激怒。如果在这个时候自己不懂得加以控制，那么必将让事态变得非常严重。当我们的脾气如同火山爆发那样喷射而出时，事态的发展也必将像我们的拳头那样完全不受理智控制。也正因如此，世界上每天都会有各种各样的事件，因为一时的冲动而采取了武力的方式去解决，但结果却往往是两败俱伤，而聪明的人懂得将自己和对方的怒火化之于无形。

1754 年，当时华盛顿身为上校，他率领自己的部队驻防亚历山大市。此时弗吉尼亚州议会正在选举议员，而华盛顿所支持的候选人遭到一个名叫威廉·佩恩的人强烈反对。

在选举的问题上，华盛顿与佩恩展开激烈的辩论，并且在情绪激动时说了一些冒犯佩恩的话。佩恩听了华盛顿的言辞顿时火冒三丈，上去就给了华盛顿一拳，将他打倒在地。华盛顿的部下立刻跑上来要教训佩恩，但是被华盛顿阻止了，他劝说自己的部下返回营地，事情由他自己解决。

第二天，华盛顿派人给威廉·佩恩送来一张便条，邀请他到当地的一家小酒店去会面。佩恩意识到这是华盛顿在约他决斗，当即拿起一把手枪便只身赶往了小酒店。

在去往酒店的路上，佩恩一直在想应该如何对付华盛顿，自己如何才能在决斗中取胜。当他到达约好的那家小酒店时，眼前的情景却让他大感意外，迎接他的是一桌丰盛的宴席，以及华盛顿真诚的笑脸。

"佩恩先生，"华盛顿微笑着说，"谁都有犯错误的时候，这是人之常情，但是我认为纠正错误也是一件光荣的事。昨天是我不对，对你言辞过激，不过我相信你在某种程度上也得到了满足。如果你认为我们到此能够和解的话，就请伸出手来与我握手吧，让我们交个朋友怎么样？"

佩恩被华盛顿的真诚和大度感动了，连忙伸出自己的手握住华盛顿的手说："华盛顿先生，对于我昨天的鲁莽与无礼，也请你能够原谅。"

这次事件之后，威廉·佩恩和华盛顿成了朋友，同时他也成为华盛顿又一位坚定的支持者。

华盛顿是聪明的人，作为一个军队的领袖，挨别人一拳似乎是一件非常丢脸的事情。如果是一个虚荣心过强的人一定会毫不犹豫地大打出手，但是华盛顿没有。因为他足够理智，他知道拳头并不能解决问题，即使现在自己把佩恩打得满地找牙，也只能是对他的身体造成了伤害，并不能让对方从心里对自己服气。所以，他当时采取了冷处理的方式，然后等自己足够冷静之后，再跟对方握手言和，这样做不仅成功消除了一个敌人，更获得了一位真诚的盟友。

当然，也许有人会说，华盛顿是一位伟人，EQ当然高，而且他自己也要考虑很多政治因素。那么，作为普通人就没有那么多禁忌了吗？当然不是。抛开利益不说，打人也是要负责任的。任何事件在出拳的那一刻都会被激化，让问题变得更加难以解决。而且我们应该明白，自己在这个过程中也是会受伤的。即使你的拳头足够硬，不会因此而受到伤害，也不要用它来炫耀自己的威力。

乔·路易是美国拳王，曾一度在拳坛所向无敌。这样一个厉害的角色遇到问题是怎么解决的呢？用他最具威力的拳头吗？当然不！

有一次，路易和朋友一起驾车出游。走到途中时，前方突然出现异常情况，于是路易不得不紧急刹车。而紧随其后的一辆车始料未及，两辆车撞在了一起。尽管碰撞得并不严重，但还是让后面的司机非常生气，他怒气冲冲地跳下车来，跑到路易面前大骂他刹车太急，指责他的驾驶技术有问题，一边骂还一边挥舞双拳，摆出一副要把路易打个稀巴烂的架势。

面对这种糟糕的情况和无礼的司机，路易表现得非常平静，除了向对方道歉之外，自始至终没有一丝怨尤和争执。那个司机自己骂得没了兴致，便悻悻然离开了。

等对方走后，路易的朋友不解地问他："你可是拳王，那个人如此无理取闹，你为什么不拿拳头好好教训他一顿？"

路易听后笑着对朋友说："你知道歌王帕瓦罗蒂吗？如果有人侮辱了他，帕瓦罗蒂是不是也应该为对方高歌一曲呢？"

拳王的回答非常幽默，但同时也看出了他的个人涵养。并不是拳头厉害就可以不可一世，任何事情都应该讲道理，是自己的错误就要承认，这没什么可丢脸的。不与无理取闹的人计较，并且主动认错，才是勇者和智者的表现。

生活中让我们不满意的事情那么多，难道我们都要用拳头去解决吗？别说我们的拳头不够硬，即使够硬，我们也解决不过来。所以，对于那些没有必要较真的闲气，我们尽量不生，即使生气也要管好自己的拳头，它有许多有意义的事情可以做，但是打架绝对不包括在内。

法则11. 学会放弃才能轻松上路

鱼与熊掌不可兼得，生活中我们经常不得不忍痛放弃一些心爱的东西，但放弃的目的是为了更好的选择，走更远的路。

放弃是一种人生智慧，因为我们的人生当中想要拥有和能够拥有的实在太多，而我们的人生精力和驾驭能力却是有限的。如果我们想要得到更好的就要学会将不好的放弃，为更好的留出空间。

有两个贫穷的农夫，他们一个比较聪明，另一个比较愚笨。

有一天，两人相约一起外出去寻找财物。他们来到城里，在一处被火烧毁的地方发现了一些被烧焦的羊毛，两个人很高兴，因为总算有了收获。于是，两人将散落的羊毛捆好，尽量多背一些在身上才离开。

两人背着羊毛走在路上，忽然发现一些别人遗失的布匹。于是，聪明的农夫立刻将背上烧焦的羊毛丢了，换成了崭新的布。而笨农夫却说："好不容易捆好的羊毛为什么要丢掉呢？"于是那些崭新的布匹他一点也没拿。

两个人又接着往前走，走着走着又看到路上有一些现成的衣服遗失在那里。聪明的农夫立刻将布丢弃，换成了衣服背在身上。而笨农夫依然觉得把好不容易捆好的羊毛扔掉太可惜了，仍旧没有去拿那些现成的衣服。

走着走着，他们又发现了一些银餐具，聪明的农夫又把衣服换成了餐具。笨农夫依然固执地背着他好不容易捆得牢牢的羊毛，尽管他也有些心动。

后来，两个农夫又发现了一堆金子，聪明的农夫兴奋地扔掉银餐具去捡金子，但是笨农夫还是固守着他的羊毛。

天就要黑了，满载而归的两个人突然在路上遇到了大雨，雨水把羊毛淋得透湿，背着羊毛的笨农夫已经不堪重负，只好把它扔掉，最后空手而回。

聪明的农夫却因为捡了很多的金子成了富翁。

我们每个人来到这个世界上都像那两个农夫一样，希望通过自己的努力寻找到属于自己的成功，为此我们付出了勤劳和汗水，而且我们对自己的付出格外珍惜。但是，如果我们想继续前进获得更大的成就，就必须要将自己付出过汗水后得到的丢掉一部分，继续背负的话，只会让一些更好的机会从我们的手中溜走。我们应该清楚的是，如果我们要想成功，勇气和毅力固然很重要，但更为重要的是我们还要学会放弃。所谓鱼和熊掌不能兼得，如果没有果断的放弃，就没办法做出明智的选择。

事实上，生命中一切有价值的东西，只会在经过淘汰和筛选之后才能让价值展现。许多时候，人们只紧紧抓住自己原有的，不肯改变，不肯丢弃。但过去拥有的成就和辉煌就像故事里烧焦的羊毛，虽然花费了不少心血，但是也常常因为背负太多让我们的脚步停滞。唯有放弃，才有机会突破现状再创辉煌。

1784 年的冬天，华盛顿回到故乡。在那个寒冷的冬天，冰雪包围了他居住的山庄，这位伟大的总统在离职之后又过着与世隔绝的生活。往日的辉煌不复存在，门庭冷落与昔日的熙来攘往相比，显得过于寂静，甚至落寞。但是华盛顿并没有像其他人那样自怨自艾，沉迷于往日的辉煌与今日的落寞之中无法自拔，而是以一种轻松的心态来享受这段难得的清静生活。

在 2 月 1 日那天，华盛顿把自己离职以后的感受用轻快的笔调告诉自己的朋友拉法叶特侯爵。

亲爱的侯爵，我终于成了波托马克河畔的一位普通百姓了。在我自己的葡萄架和果树下纳凉，听不到军营的喧嚣，也见不到公务的繁忙。我此刻正享受着宁静而快乐的生活。而这种快乐是那些孜孜不倦地追逐功名的军人们，那些朝思暮想着图谋策划、不惜灭他国以牟取私利的政客们，那些时时刻刻察言观色以博君王一笑的权臣们所无法理解的。我不仅仅辞去了所有的公务，而且内心也得到了彻底的解脱。我盼望能独自散步，心满意足地走我自己的生活道路。亲爱的朋友，这就是我对未来的安排。我将随着生命的溪流缓缓流淌，直到与我的父辈共寝九泉。

正是有了这份舍得放下的淡然胸怀，让华盛顿有充足的时间来观察自己身边的事物。也正是在这段时间里，华盛顿酝酿出了后来宏伟的西部开发计划，从而改写了美国的历史。

能够放弃旧日辉煌是一种伟大的人生智慧，正如海明威所说：只要你不计较得失，人生还有什么不能克服的？

过去的得失既然已经没有意义，那么再背负着就只能是白费力气。

如果要登高望远，就要放弃家居的舒适；如果要获得最大的成功，就要放弃眼前的安逸；如果要爬得越高，走得越远，就要放弃沉重的行囊。人生当中还有那么多值得我们去追求的东西，我们没有必要跟自己赌气。只有将那些鸡肋般的"羊毛"放弃，才能用轻快的步伐去追寻更有价值的"黄金"。

Chapter 2

不生气 才能有福气

生气是一件非常耗费体力和精力的事情，它会消耗掉我们体内大量的能量，折损我们的寿命，夺走我们的健康，破坏我们的情绪，让我们成为一个面目可憎的可怜人。这样的人好运当然也不会找上来，福气又从何而来呢？

法则 12. 别拿他人的错误惩罚自己

康德曾经说过：生气是拿别人的错误惩罚自己。

别人犯错，他理应受到惩罚，我们因别人的错误而生气，则是用别人的错误来惩罚自己。如果自认为是一个聪明人，就请别再去做这样的傻事了！

这个世界上有许多事情看上去很合理，但是仔细推敲却很滑稽，比如生气这种事情。作为一个具有七情六欲的人，受到环境的影响是很正常的，所以便有了喜怒哀乐。在这个合理的前提下，我们认为，别人违背自己的心意做了错误的事情，生气似乎是理所当然的。可是我们有没有想过，我们生气的目的是什么？让对方感到愧疚吗？对方也许会，也许不会，但我们的身心受到影响则是必然的。不管对方有没有受到惩罚，我们自己却必定已经走到了"刑场"，至于受怎样的惩罚，就要根据你"气"的多少而定了。

一头因为赌气而离家出走的骆驼在沙漠里艰难地跋涉着。中午的太阳像一个大火球，炙烤着大地。骆驼又饿又渴焦躁万分，一肚子火气不知道该往哪儿发才好。

正在这时，骆驼的脚掌被一块玻璃瓶的碎片刺了一下，这让它顿时火冒三丈，咬牙切齿地骂道："去死吧！"随即抬脚狠狠地将碎片踢了出去。

由于用力过猛，一不小心将本来厚实的脚掌划开了一道深深的伤口，殷红的鲜血顿时染红了脚下的沙粒。

气急败坏的骆驼一瘸一拐地向前走着，地上的血迹引来了空中的秃鹫。它们欢叫着在天空中盘旋。

"莫非它们要等我的血流干后来吃我的肉吗？"骆驼心里一惊，不顾伤势狂奔起来，沙漠上留下了一条长长的血痕。

跑到沙漠边缘时，好不容易摆脱了秃鹫的骚扰，可是谁知浓重的血腥味又引来了狼。疲惫加之失血过多，虚弱的骆驼像无头苍蝇般东躲西藏，仓皇之中跑到了一处食人蚁的巢穴旁。只见食人蚁倾巢而出，疯狂地向骆驼扑过去。眨眼间，食人蚁就像一床黑色的棉被把骆驼裹了个密不透风。顷刻之间，可怜的骆驼轰然倒地。

临死前，这个庞然大物后悔莫及，喟然长叹道："为什么我要跟一块小小的碎玻璃过不去呢？"

这只骆驼因控制不住自己愤怒的情绪，在受到一连串的伤害后，最终走向了灭亡。可见，生气事小，生命事大。不要以为生气不会对你的健康造成影响，因生气而引发心肌梗塞、脑中风死的人可是越来越多了。更何况你是用自己的身心在为别人的错误买单，无论如何都是赔本买卖，太不划算了。所以，聪明的人无论在什么时候都不会用别人的错误去惩罚自己，他们知道什么才是对自己最有利的。

20世纪40年代，德裔美国科学家爱因斯坦由于提出相对论而引起广泛的关注。但在当时，伴随着莫大的荣誉和耀眼光环的是众多科学家的一片质疑声。随着时间的推移，越来越多的科学家加入了反对的行列，对爱因斯坦及相对论进行了一连串猛烈的抨击。

反对者召集了一百位当时颇具名望的科学家联名证明相对论是谬论，是无稽之谈。这种质疑和抨击愈演愈烈，最后变成了对爱因斯坦人身的攻击。

反对者在多个公开场合大放厥词："爱因斯坦是个疯子，是个毫无出息的傻瓜，是个一心只想出名的白痴……"

记者会上，好事的记者当然不会放过这个机会，追问爱因斯坦对一百位科学家的质疑如何看待，准备怎么反击。爱因斯坦微笑着说："一百位？如果能证明我的确错了，一位就可以了！"会场里顿时掌声雷动。

爱因斯坦对那些科学家的质疑、谩骂和羞辱真的一点都不生气吗？答案是否定的，没有人会对此无动于衷。但是他很清楚，生气、愤怒只会给自己平添烦恼，只会招致更多的非议，只会让那些反对者在笑声中举杯庆贺他们计划的得逞。

更何况他明知道自己是对的，那些人才是错的。所以，他很好地控制住了自己的满腔怒火，没有让自己成为愤怒的牺牲品。

在事隔多年后，那些反对者当中的一位略带调侃地说了这么一句话："时间证明爱因斯坦是获胜者，我们是失败者，我们让一个微笑打败了。"

西方有一个聪明的政治家跟爱因斯坦一样，当有人骂他时总是保持沉默，等到对方骂完了，他会微笑着说："对不起，您刚才说的我没听清楚，麻烦再说一遍？"

对于别人的错误，是没有必要生气的。因为它不仅不能解决问题，还会制造麻烦。最好的办法是一笑了之。

对方改正、道歉当然好，如果他们无心悔过，生气也没用。所以，当我们受到质疑、误解、谩骂甚至羞辱时，不要生气，微笑一下，其他的都交给时间去解决。

法则 13. 不为小事生气

人生活在这个世界上只有很短的几十年，可是我们却浪费了过多的时间在几天之内就会忘却的小事上。这种傻事我们几乎每天都在做，结果既让心情糟糕又浪费精力和时间，最后甚至被小事毁掉。

有句名言说：真正使你感到疲惫的往往不是一眼望不到顶的山峰，而是在攀登过程中落进鞋中的一粒细沙。

生活中有太多不值得我们去计较的事情，却让我们为此付出了巨大的代价，但回想起来这些事其实根本微不足道。

作家吉卜林曾经和他小舅子打过一场非常有名的官司。当时吉卜林娶了一个佛蒙特州的女子，并且在布拉特尔伯勒造了一所漂亮房子，准备在那里安度晚年。他的内弟比提成了他最好的朋友，两人经常在一起工作，甚至形影不离。

后来，吉卜林从比提那里买了一块地，事先商量好比提可以每个季节在那块地上割草。

一天，比提发现吉卜林在那片草地上开辟出一个花园，他为此大为恼火，甚至暴跳如雷。他找到吉卜林理论，没想到吉卜林也不甘示弱反唇相讥，这件事弄得整个佛蒙特州绿山上乌云笼罩。

几天后，吉卜林骑自行车出去游玩时，不小心被比提的马车撞倒在地上。因为割草事件还在生气的吉卜林此时已经不太清醒，虽然他曾经写下过"众人皆醉，你应独醒"这样的名言，但是被气愤充斥了大脑的他立刻把自己最好的朋友告上了法庭，比提也因此被抓了起来。

一场热闹的官司过后，吉卜林并没有得到多少胜利的满足。这块伤心的土地让他没有办法再待下去，于是难过的吉卜林携妻永远离开了这里。而这一切的起因，只不过为了一件再小不过的事情——一车干草。

一件小事可以让我们的事业、家庭、情感遭受前所未有的重创，就像那车干草一样，给我们的生活带来无法弥补的损失。据一项调查表明：人类烦恼的 50% 来自于日常的小事，20% 是在杞人忧天，20% 事实上并不存在，剩下的 10% 则是既成的事实，再着急上火也没用。我们的生命如此短暂，而那些小事却一刻不停地在浪费着它，这对于人生而言是多么大的一笔损失啊！

在美国科罗拉多州的一个山坡上，有一棵大树的残躯躺在那里。自然学家说这棵大树曾经有过四百多年的历史。在它漫长的生命过程中，曾一度遭受过十四次雷电攻击，而它却安然无恙地挺了过来。

现在的它居然倒下了，原因令人惊讶——一小队甲虫的攻击。那些甲虫非常小，但是它们一刻不停地啃食让这棵参天古木渐渐失去了元气，并且永远倒在了地上。这样一棵在森林中生存了几百年的巨木，岁月和风暴都没能奈何得了它，然而却在一些小甲虫手里丧了命，怎能不令人感慨呢？

人又何尝不是这样，英国作家迪斯雷利曾经说过：为小事而生气的人，生命是短促的。

我们就像森林中那棵大树，经历过无数坎坷，但却被一些小事拖累，让自己变得易怒和平庸。如果我们不想让自己的人生被小事毁掉，就必须想办法摆脱它。其实摆脱小事的困扰并不像我们想象的那么难，只要换一个角度看问题，那些令我们暴跳如雷的小事是可以化为乌有的。

从前有一个农夫，他经常为了一些小事生气，但是他有一个习惯，一生气就跑回家。在家里他会围绕着自己的房子和土地跑上三圈，跑完之后什么事都没有了。

后来，他变得越来越有钱，房子也越来越大，拥有的土地也越来越多，但当他生气时，仍然会跑回家，然后绕着自己的房子和土地跑三圈，哪怕这样做会让他累得上气不接下气。

这个习惯一直坚持到他年老的时候，有一天他的孙子问他："爷爷，您为什么一生气就绕着我们家的房子和土地跑呢？"

农夫笑着对自己的孙子说："年轻的时候，我经常容易为小事生气。每当生气时我就会绕着房子和土地跑三圈，我一边跑一边对自己说，我的房子这么小，土地也这么少，哪有时间和精力去跟别人为那么点的小事生气呢？还是想办法多赚点钱吧。每每想到这，我的气就消了，我也就有了更多的时间和精力去工作和赚钱了。"

孙子又问："爷爷，您现在已经很富有了，为什么还要绕着房子和土地跑呢？"

农夫笑着回答："现在我再为那些小事生气时，就会边跑边对自己说，我现在有这么大的房子和这么多的土地，又何必再为一点小事和别人计较呢？一想到这，我的气就又消了。"

大多数时候，人们生气其实只是在为一些鸡毛蒜皮的小事，但是如果换一种思考方式，我们就会发现为此生气一点都不值得。一个人的精力是有限的，当把自己陷入生活琐事中的时候，就没有精力去思考大事。还有那么多的事情等着我们去做，为了追寻成功和幸福，我们耽误不起这个时间。而对于获得幸福和成功而言，这些小事根本不值得我们大动肝火地去降低自己的幸福指数。

法则 14. 坏脾气只能坏事

人们常常把坏脾气说成是真性情。这种"真情"流露也许看上去是一种真诚的表现，会受到别人的欢迎，但这种欢迎是在对方没有受到你坏脾气波及的前提下才成立的。有谁愿意整天跟一座活火山待在一起呢？

情绪有一个很重要的作用，那就是左右人类的决定和行为。无论是对我们的学习还是对社会适应能力，情绪都扮演着极为重要的角色。但是人如果被自己的坏情绪控制了，就很容易坏事。即使是一个能力出众、聪明绝顶的人，也会因为自己的怒气不受控制，而让自己的大脑失去正常运转的能力，影响对事物的判断，最后做出让自己都觉得很傻很可笑的事情。

洛克菲勒不仅是一名成功的商人，更是情绪管理的专家。

有一次，他被告上了法庭。在法庭的审理过程中，对方的律师拿出一封信质问洛克菲勒："洛克菲勒先生，请问你收到我给你的信了吗？你又回信了吗？"

"我收到信了。"洛克菲勒对律师说，"但没有回信。"

那位律师的情绪显然有一点激动，他又接连拿出二十几封信，并且一封一封地询问洛克菲勒同样的问题，但洛克菲勒依然波澜不惊，他以相同的表情逐一给予了那位律师相同的答案。

在将所有的信都拿出来后，这位律师再也控制不了自己的情绪了，他变得暴跳如雷，并且当着众多社会名流的面对洛克菲勒破口大骂。

但这显然没有发挥什么好的作用，最后，法庭宣判洛克菲勒胜诉，而那位律师也因为情绪的失控不仅让自己乱了章法，还被拖出了法庭。

很明显，洛克菲勒是一个善于控制自己情绪的人，而那名律师则正好相反，他被自己的坏脾气控制了，也让整个事件朝着不利于自己的方向发展。最后自己败诉不说，还可能让自己的前途受到影响。有谁愿意找这样一个动不动就烦躁发怒，只会坏事的律师为自己打官司呢？

情绪失控的后果是很严重的，我们很可能因为自己的一时意气用事而失去应有的成功机会。不管你有多么优秀，如果不克制自己的脾气，那么你的人生道路是不会一帆风顺的。相反，如果能驾驭它，你的人生格局也会变得大不一样。

议会选举开始了，有一位候选人准备参加参议员的竞选，他向自己的参谋们请教如何才能让自己获得多数人的选票。

众参谋中有一个人站起来说："这个我倒是可以教你一些方法。不过我们要先定一个规则才行，一旦你违反我教给你的方法，就要罚你十美元。"

候选人觉得这很简单，于是就爽快地回答："这没问题。"

"好，那我们就从现在开始了。"参谋说，"我教你的第一个方法就是，不管对方如何贬损你、辱骂你、批评你、指责你，你都不许发怒。"

"这个简单，人家批评我，说我的坏话，是在给我敲警钟，我会感激他，不会记在心上的。"候选人轻松地答道。

"你能这么做当然最好。我希望你能记住这个规则，你要明白，这可是我给你的规则当中最重要的一条。不过，像你这么愚蠢的人，也不知道能不能记得住。"

"你说什么？你居然说我愚蠢！"候选人气急败坏地问道。

"十美元，拿来吧。"

候选人脸上的愤怒虽然还没有退去，但是他很清楚是自己违反规则了。他无可奈何地把钱递给自己的参谋，说："好吧好吧，这次是我错了，我太大意了，那你继续说其他规则吧。"

"这条规则是最重要的，其他的规则也差不多。"

"你这个骗子……"候选人暴跳如雷。

"很抱歉，请再拿十美元。"参谋摊手道。

"你赚这二十美元也太容易了。"候选人不情愿地掏钱。

"谁说不是呢，你快点拿出来，这都是你自己答应的，你要是不给我，我一定会让你臭名远扬的。"

"你简直是只狡猾的狐狸！"候选人显然又要发作。

"对不起，又十美元，拿来吧。"

"我发誓以后我不再发脾气了。"

"得了吧，我并不是真的想要你的钱，你出身那么寒酸，父亲还因为不还人家的钱而臭名远扬。"

"你这个可恶的恶棍。你怎么能够侮辱我的家人！"

"看见了吧，这可又是十美元。"

看到这位候选人垂头丧气的样子，他的参谋说："现在你应该明白了吧，控制自己的愤怒和不良情绪并不那么容易，你需要随时留心和时时在意。十美元只是小事，但是如果你每发一次脾气就会丢掉一张选票的话，那损失可真的就大了。"

虽然这只是一个笑话，但是不可否认我们的情绪的确影响着我们的前途。为了更好地适应社会，取得成功，我们必须学会调整自己的情绪，控制自己的脾气，理智冷静地处理所有的问题。

唯有能够调控自己情绪的人，才是自己的主人，才能更加平稳地走向成功。而自己也不会因为情绪的波动影响心情，让自己活在轻松惬意的氛围中。

法则 15. 任何人都不是你的出气筒

当一个人的情绪变坏时，潜意识会驱使他选择一个无法还击的弱者来发泄情绪。让对方成为自己的出气筒也许并不是他的本意，可是一旦迁怒于人，别人就会因此受到伤害。为小事生气已经很不应该，如果再将自己的怒火转移到别人的身上，让原本无辜的人受到伤害，那就是错上加错了。

人很容易受到情绪的控制，在我们生气时体内的负面情绪会越积越多，如果不找一个出口发泄一番就会浑身难受。而我们第一时间所找的发泄对象，却常常是与自己情绪无关的无辜者，我们把情绪转移到了一个不相干的人身上，而这个人出于情感或者利益因素无力反抗，进而承受了自己不应该承受的坏心情。当他受到坏心情的左右也需要一个出气筒时，伤害会再次向下转移，进而让越来越多与事件毫不相干的人受到牵连，形成一个恶性循环。这种寻找出气筒的连锁反应被称为"踢猫效应"。下面，就让我们一起来看看最无辜的猫是如何受到伤害的吧。

董事长因为公司业绩的下滑一筹莫展。他决心对公司进行整顿，于是召开会议，让全体员工自觉树立主人翁意识，并且以自己为表率杜绝迟到早退的现象。董事长的出发点当然是好的，可是没过两天他就因为在午餐时间看报纸看得太入迷而忘了时间。等他意识到时，大吃一惊："我必须在十分钟内赶回办公室！”于是，他冲到停车场，跳进汽车，并且以时速九十公里的速度在公路上飞驰，结果却因为超速被交通警察开了罚单。

这位董事长非常愤怒和不满：我是善良、守法的公民，这个警察居然给我开罚单。他该做的是去抓小偷、强盗和罪犯，而不是找纳税人的麻烦！

愤怒的他回到公司，为了转移大家的注意力，他一进办公室就把销售部经理叫进来，生气地询问销售业绩。得知业绩并不好，董事长的怒火终于爆发了。他冲着销售经理大声吼道："我已经付了你十年薪水，好不容易有一次做大生意的机会，而你却把它弄丢了。你最好把这笔生意抢回来，否则我就开除你！"

销售经理走出董事长的办公室，气急败坏地抱怨："十年来我一直为公司卖力，我负责打理所有的生意，公司靠我才撑到今天。现在仅仅因为我失去一笔生意，他就要开除我，真是不可理喻！"盛怒之下他把秘书叫进来找了个理由骂了一顿。

秘书非常气愤地走出了经理办公室，然后开始找接线生的麻烦。接线生受了一通无名的指责，也非常不痛快，心想："我是这里最辛苦的员工，待遇最低，我要同时做三件事，每次他们进度落后时，总要找我帮忙。要我帮忙还用这种态度，真是不公平。再说，他们也没有本事用两倍的工资找到任何人来接替我的工作。"

接线生的火气在公司无处发泄，于是带到了家里。进屋之后，她猛然关上门，直接到儿子的房间。她看到儿子正躺在地板上看电视，衬衣破了一个大洞。她极度愤怒："对你说多少次了，放学回家后要换上家居服。我给你吃，给你穿，送你到学校念书，还要做全部的家务，已经被折磨得半死，可是你什么时候听过话！"

现在，再看看她的儿子吧。他走出房间嘀咕道："妈妈真是莫名其妙。"就在这时，他的猫走到面前，和平时一样在撕扯他的裤子。

"给我滚远点！"小男孩狠狠地踢了猫一脚。

可以说，猫是这一连串事件中唯一无处发泄的对象。因为董事长的愤怒，产生连锁反应，最后导致了接线生家里的猫不明不白地被踢了一脚。

　　人的坏情绪就是这样相互感染，相互传递的。一旦自己心中有了怒火，并将怒火发泄到其他人身上，就会引发一连串的连锁反应，使越来越多无辜的人被卷进来。这种情形不仅不能使原本生气的那个人心情转好，还会连带破坏自己在下一个受害者心中的印象，使人际关系在不明不白中走向恶化。即使不是为了我们的心情或者人际关系，仅仅出于人道的考虑，我们也不应该将自己的怒火转移给别人。因为每个人都是平等的，没有任何人是你的出气筒，即使他的地位不如你，情感离不开你，你也不能做出伤害对方的事。

　　生气已经是一个错误的开始，为什么还要让它延续下去成为一个更大的灾难呢？

法则 16. 莫拿生气赌健康

生气不仅仅是一种情绪问题，它还会影响一个人的健康，很多疾病就是因为体内过多的负面情绪累积所引起的。为了健康我们应该让自己的心胸开阔一点，别动不动就发脾气。

生气是一种十分不良的情绪，它会让人心情低沉阴郁，进而阻碍人与人情感的交流，接下来导致内疚与沮丧。因为生气而愤怒的人会患高血压、胃溃疡、失眠等疾病，而情绪低落、容易生气的人，其患癌症和神经衰弱的几率要比正常人大很多。特别是长期压抑和极度不满的情绪，例如恐惧、抑郁、悲哀、仇恨、愤怒等情绪非常容易诱发癌症。

"情绪因子"是缩短寿命的隐形杀手，如同病毒一样是人体中的一种心理毒素，会让一个原本健康的人重病缠身，从此一蹶不振。

彼得完全被激怒了，他一把抓起电话，狠狠地将它丢出了办公室。

他之所以会大动肝火，是因为他刚刚进行了一项改善自己团队管理的活动，而在这个活动当中，他们团队的工作任务并没有很好地完成，这让彼得的情绪变得非常坏。更不幸的是，不好的事情又接二连三地出现，于是，坏情绪越积越多，结果一股脑爆发了出来。

但最糟糕的还不只这些，暴怒过后彼得开始胃痛，被同事送到医院之后，医生告诉他是胃出血，而这一切都是因为生气造成的。

据研究表明，最后失去控制而大发雷霆的人，往往都是经历了一个情绪累积的过程。每一次的拒绝、侮辱或无礼的举动，都会在人的心里遗留下激发愤怒的残留物。这些残留物不断地积淀，就会让急躁的状态不断上升，直到失去最后一丝理智，就像彼得那样彻底爆发，整个人对情绪的控制完全丧失。这种失控会为坏情绪找到两个出口：一个是向外的，找一个出气筒；另外一个是向内的，也就是你的身体。对外伤害的是别人，对内伤害的当然是你自己。

因为怒气也是一种能量，而且是一种极其负面的能量，如果不加控制，就会泛滥成灾。人的身体就像是一个十字路口，过度的火气会让交通堵塞。所以，对于自己的脾气一定要加以控制。而消除负面情绪的最好方法不是向内压抑和沉积，而是进行适时的疏导，把体内的负面情绪造成的毒素完全排出体外。当我们体内的情绪毒素被成功排出之后，我们的身体也会逐渐恢复健康。

弗兰德先生身体状况一度很糟糕，这一切都跟他的坏脾气脱不了关系。因为经常动怒让他的肝脏受到了伤害，接下来他的肾脏也出了问题。他为此找过好多医生，但没有一个人有办法治好他。

过了一段时间，弗兰德先生发现自己又得了另外一种并发症，他的血压高了起来。他去看医生，医生说他的血压达到了最高值，已经无药可救了，并且通知他的家人准备料理后事。

弗兰德的妻子和亲朋好友都非常难过，弗兰德先生本人更是深深地陷入沮丧的情绪里无法自拔。此时的他已经没有力气生气，但是颓废的情绪笼罩着他的心灵，在整整一个星期的时间里，弗兰德先生都在自怜自艾。

一个星期之后的一天，弗兰德先生突然领悟，他觉得自己现在这个样子简直像个大傻瓜。他对自己说："即使情况很糟糕，在一年之内你恐怕还不会死，那么不如趁现在还活着，让自己开开心心地度过吧！"想到这些，他决定改变自己的精神状态。

首先，弗兰德先生做的是弄清楚自己所有的保险金是否都已经付过了，然后他开始向上帝忏悔自己以前所犯过的种种错误。就这样他的心理负担完全放下了。接着，他试着挺起胸膛，脸上也露出了微笑，尽力让自己表现出看起来好像一切都很正常的样子。虽然在开始的时候，做这些很费力，因为他可是出了名的坏脾气。但是弗兰德先生强迫自己很开心、很高兴，因为他觉得这样能让自己的家人开心一些。

这样过了一段时间，弗兰德先生发现自己开始觉得好多了，几乎不用装就觉得自己的身心很轻松，于是他决定继续下去。

又过了一段时间之后，原先以为已经躺在坟墓里几个月的弗兰德先生不仅很快乐，而且恢复了健康。

经历了这段日子以后，弗兰德先生开始相信：如果自己一直想到会死、会垮掉而不开心的话，那么医生的预言就会应验了。可是当他改变了自己的心情，调整了自己的情绪之后，他的心境开阔了，他不再为任何事情生气或者动怒，因为没有任何事会比死亡更令人害怕绝望。而当他看开之后，一切都改变了，并奇迹般地恢复了健康。

怒伤肝，喜伤心，思伤脾，忧伤肺，恐伤肾，悲伤胃，消极否定的心理暗示常常会变成一种恶性循环，搅乱人的身体健康系统，而积极的心态则会将这种破坏现象拨乱反正。面对让自己受伤的负面情绪，我们必须学会做一个清醒的人，不跟别人生气、不跟自己赌气，让负面的情绪安全地释放出来。这不仅有利于人际关系的和谐，更是对健康的一种自我保护，而你作为自己的主人，有义务让自己的身体不受伤害。

法则17. 为冲动买单不值得

冲动的行为会让人在一瞬间做出令别人和自己都无法相信的事情。图一时之快而让身边的人受到伤害，甚至伤害到自己，不仅得不偿失，而且有时造成的恶果是我们自己都无法想象的，甚至是无法挽回的。

人们经常把"冲动是魔鬼"这句话挂在嘴边，一是为了提醒盛怒中的人们保持理智，二是为了让自己更加清醒，避免自己的一时冲动造成无法挽回的后果。但是，对于大多数的人而言，当脾气上来之后，是很难一下子让自己冷静下来的，最后不得不为自己的冲动买单。

马克其实是一个很正直的人，没有什么心机，心里怎么想的就怎么说。简单地说，他说话做事都是率性而为，而且容易冲动。

"我不觉得这样有什么不好，如果一个人总是看别人的脸色过日子，那不是太辛苦了吗？"家人和朋友劝说他的时候，他总是这样理直气壮地回答。

不管是在家里还是在公司，也不管对方是谁、什么场合，只要马克的脾气上来，他就会不加克制地说出内心的想法，甚至勃然大怒，有时弄得别人非常尴尬。知道他脾气的人不和他计较，但是更多的人还是不喜欢他，因为他们几乎都因为马克的某句话或者某个行为而遭遇过尴尬，虽然大家

气顺了人生就顺了

054

都知道他没有害人之心。

然而，他却害了自己。

某天，他和上司大吵了一架，并当着众多同事的面对上司大吼大叫，最后抓起自己的公文包，指着上司的鼻子大叫："我就是不吃你这一套，我不干了总可以吧！"

可是第二天他仍然要面对上司，因为他找不到更好的工作。从此以后，他一直做着无关紧要的工作，而其他的同事都已经纷纷升职或者加薪了。

有一位黑人作家说过："你不能解决问题，你就会成为问题。"这就是马克个性冲动造成的后果，他非但没有解决问题，反而让自己成为了问题。其实每个人都和他想的一样，都不想看别人的脸色而生活，都想率性而为，有什么就说什么。但是人生在世，如果我们真的放任自己的脾气，动不动就让自己冲动一回，那我们的人生并不会好过，因为大家都这么做，生活就会时刻充斥着一种火药味，哪里还有平静安康可言呢？

所以，无论如何我们要学会控制自己的情绪，不让"冲动"出来搞破坏。因为我们的一时之快，造成的伤害是无法弥补的。即使情绪过后，我们的心情已经恢复如初，但是我们冲动之下遗留的伤口还在那里。即使好了也会留下伤疤，每每看到都会让人触目惊心。

有一个小男孩，常常无缘无故地发脾气。一天，他的父亲为了告诫他，冲动的行为是多么可怕，就给了他一大包钉子，让他每发一次脾气都用铁锤钉一个钉子在他家后院的栅栏上。

第一天的时候，小男孩的心里仿佛有非常多的气，他一口气在栅栏上钉了三十七个钉子。

但是随着时间的推移，小男孩渐渐学会了控制自己的坏脾气，每天在栅栏上钉钉子的数目越来越少了。因为他发现控制自己的冲动要比在栅栏上钉钉子容易得多。最后，这个小男孩变得不爱发脾气了。

不再往栅栏上钉钉子之后，他将自己的转变告诉了父亲。父亲又对他说："从现在开始，只要你一天不发脾气就从栅栏上面拔一个钉子下来。"

小男孩又照着父亲的要求去做了，直到有一天栅栏上面的钉子全部拔完。

当小男孩拔出最后一个钉子的时候，父亲拉着他的手来到栅栏边，指着栅栏对他说："孩子，你做得非常好。现在你已经不会因为生气而做一些冲动的事情了。可是，我还要告诉你，你因为自己的冲动在栅栏上留下的那么多小孔，即使你已经不再钉钉子，栅栏也不会恢复到原来的样子了，因为小孔是会一直存在下去的。这就像你的脾气，当你因为一时冲动向别人发过脾气之后，你的言语和行为就像这些钉孔一样，会在人们的心灵中留下伤疤。无论你为自己的冲动造成的恶果说多少次对不起，那伤口都会永远留在那里。"

培根说：愤怒，就像地雷，碰到任何东西都一同毁灭。

冲动会使我们给别人造成无法弥补的伤害，即使再多的补偿往往也无济于事。所以在我们生气想要发脾气的时候，先停下来给自己做做深呼吸。

气顺了 人生就顺了

像杰斐逊说的那样："在你生气的时候，如果你要讲话，先从一数到十；假如你非常愤怒，那就先数到一百然后再讲话。"我们必须清楚，我们不能被那个"魔鬼"缠上自己，因为它的破坏力远比你想象的大得多。

法则 18．用最安全的方式宣泄情绪

人的情绪就像是一个河道，我们要保持河道的通畅就必须实时疏通。压抑绝对不是好方法，可能会造成情绪的崩溃，最终酿成大错。所以，如果你心情郁闷，就尽情地发泄出来吧，不过记得要用安全的方式才行。

我们好像一直在强调生气不是好事，要求自己学会制怒，不要冲动。但是，人总归是会有情绪的，并且可以影响我们情绪的事情实在是太多了，我们不可能任何时候都保持冷静镇定。

千万不要以为控制情绪的最好方式是所谓的喜怒不形于色，不让任何感情流露出来并不是真正的冷静镇定，而是对生活的一种无声对抗。喜怒哀乐本来就是人类固有的情绪，而情绪的丰富性也是人生的重要内容。生活如果缺少了那些丰富而生动的情绪，必将会变得呆板而没有生气。如果大家将"喜怒哀乐不入于胸"当成是控制情绪的标准，就会逐渐变得没有好恶，也没有情感，这与机器人又有什么区别呢？

我们是要做情绪的主人，但前提是我们必须有情绪才行。人之所以不同于机器，是因为有血有肉、富有感情，也只有如此，人与人之间才能展开有效的交流，才会有心灵的沟通。因此，强行压抑和抹杀自己的情绪，强制自己变得表情呆板和情绪漠然，并不是感情的成熟，而是一种情绪的退化，是一种心理病态的表现。

那些表面上看起来好像已经控制住自己情绪的人，实际上很大一部分是将情绪从表面转到了内心。

这是一种非常危险的状态，因为任何不良情绪一旦产生，都不会自行消失，它一定会寻找一个管道发泄出来。而当它受到外部压制不能自由宣泄时，就会在人的体内作祟，危害人的心理和精神，给人造成更大的危害。因此，在我们感到压抑的时候，一定要给自己找一个合适的宣泄管道。

某天深夜，电话铃声响起，主人拿起听筒，传来的却是一个陌生女人的声音。

这个声音情绪激动，她带着愤怒说："我简直恨透了我的丈夫。"

"对不起，我想你打错电话了。"电话主人告诉那个女人。

但是，那个情绪激动的女人好像完全没有听见，她继续滔滔不绝地说下去："我从早忙到晚，要照顾小孩，打理家事，家里所有的事情都是我在做，连我有时候想独自出去散散心他都不肯。但是他自己呢，每天下班不回家，说是有应酬，鬼才会相信他的话！"

"对不起，女士。"主人试图再次打断她的话，"我想我根本不认识你。"

"你当然不可能认识我，"那个女人的声音已经平静了许多，"我也不认识你，现在我把压在心里的不满都说出来了，整个人舒服多了，非常谢谢你，很抱歉打扰你了。"说着，她便挂断了电话。

也许接电话的人一开始觉得莫名其妙，可是当他听完女人的发泄，并且意识到对方因此而变得轻松愉快的时候，想必那个人也会觉得释然了。生活中几乎每个人都会产生这样或那样的不良情绪，都难免受到各种不良情绪的刺激和伤害，所以他也就颇能理解对方的心理感受，从而原谅对方的失礼行为。

当然，我们要说的是情绪必须找到一个出口来释放，并不是说这个女人的宣泄途径一定是正确的。她毕竟在深夜吵到了别人，影响了别人的休息和心情，是欠考虑的。

宣泄情绪有利于我们的身心健康，但是宣泄的途径更加重要，我们不能让别人成为自己情绪的代罪羔羊。因此，选择一个对人对己都有利的宣泄途径是非常重要的。为了不给自己和别人造成伤害，我们要选择最安全的方式来达成自己的目的。

有一个非常著名的宣泄方式，它来自于一位日本老板。为了让自己的员工释放不满情绪，以更加专注和积极的态度投入工作当中，他想出了一个奇招。他为员工专门开辟出一个出气房间，在这个房间摆了几张公司主管的巨幅照片和以其形象为模型的橡皮人。任何心里有不满和怨气的员工都可以随时进去对着上司照片大骂或对"橡皮老板"大打出手，当骂完打过以后，员工的怒气通常也就消减了大半。

这种方式非常奏效，因为这期间上司和老板并没有受到真正的人身伤害，而员工自己的情绪也大为好转。负面情绪没有了，工作效率当然也就更高了。

当然，并不是所有老板都会好心地做个橡皮人让员工痛打一顿，在很多时候，宣泄情绪需要我们自己去找出路。我们可以在自己家里放几个布娃娃之类的东西让自己发泄，也可以通过转移注意力的方式让情绪慢慢平复，听听音乐、唱唱歌、看看书、逛逛街、找人倾诉……发泄的方式有很多种，至于哪一种最有效，恐怕只有自己最清楚。

作为一个心智成熟的人，请选择一个安全的方式来发泄。在不会伤害自己也不会危害到别人的情况下，给情绪找一个合适的出口是一种智慧的表现。

气顺了人生就顺了

法则 19. 事情已发生，生气也没用

在事情发生之前我们要做的是避免它的发生，但是在发生之后，我们要做的是保持清醒，尽量减少它所带来的损失，而不是一味地站在那里生气或者发脾气。这样不仅不能解决问题，还会浪费解决问题的时间，甚至造成更大的问题。如果我们够明智，那就请在事情发生之后，接受它，并将精力放在后续工作的处理上吧。

在阿姆斯特丹，一座建造于 15 世纪的老教堂的废墟上有这样一行字："事情既然如此，就不会另有他样。"

事情就是这样，既然已经发生，无论怎么生气和愤怒，它都不会有所改变。对于已成的事实，如果我们继续纠缠下去，只会让它毁掉我们的生活，消耗掉我们处理后续工作的精力。

但是，我们还有另外一种选择，那就是将它当做一种不可避免的情况加以接受，并且适应它。在我们乐于接受这一既成事实的同时，我们也迈出了克服随之而来的任何不幸的第一步。

在纽约市中心的一座办公大楼里，有一个货梯管理员，他是一个残疾人，左手被砍断了。

一天，有一个送货的人问他："你少了一只手，会不会觉得痛苦或

气愤呢？"

断臂的货梯管理员笑着说："不会的，一般情况下我根本就不会想到它。只有在需要做一些穿针引线的工作时，我才会想起这件事情来。"

断臂的货梯管理员显然是一个 EQ 很高的人，他并没有将过多的情绪放在已经发生且不可挽回的事情上。少了一只手，他依然还要生活，所以他并不为此跟自己怄气。

从公元前 399 年开始，就有这样一句话一直流传——对必然之事，且轻快地加以承受。这是智者的思想精华，也是对我们的一种劝慰。在这个充满忧虑和焦躁的世界，今天的我们比以往任何时候都更需要这句话。

没有任何一个人能有足够的情感和精力，既抗拒不可避免的事实，又能利用足够的情感和精力去创造未来的新生活。我们只能在这两者当中选择其一，可以选择在面对生活中那些不可避免的暴风雨时，识时务地弯下自己的身体冷静地抵御伤害；也可以愤怒、怨天尤人，等待被它摧毁。而聪明的人当然会选择前者。

迈克是一位非常勤奋的青年，在一家酒店里工作。虽然收入并不多，却丝毫没影响他那快乐的心情。

汽车是迈克的最爱，但他只是一个普通的酒店员工，凭现在的收入和积蓄，想要买车几乎是件不可能的事情。可是这种想法却一直萦绕在迈克的脑海，他经常跟朋友说："我要是能有一辆汽车该多好啊！"每当他说这些话的时候，眼中就会充满无限的向往。

有一次，他又说起了自己的理想，朋友开玩笑地说："既然你这么想买车，不如你去买彩券吧，如果中了大奖，那你不是就可以买车了吗？"

迈克采纳了朋友的建议，用 2 美元买了一张彩券。上帝可能知道迈克太想要一辆车了，于是让他的彩券中了大奖，刚好能买那辆他心仪了很久的汽车。

就这样，迈克实现了自己的愿望。

从这以后，人们经常看到他吹着口哨在林荫道上开着擦得一尘不染的汽车行驶。

一天，迈克把车停在楼下，等到下楼时，却发现自己心爱的汽车被偷走了。

刚开始，迈克对此非常气愤，他简直恨透了那个偷车贼，以至于一整夜都没有睡好觉。但是到了第二天早晨的时候，他又变得很开心了。

朋友得知迈克汽车被盗的消息，想到他如此爱车如命，又是好不容易花那么多钱买的车，一转眼的工夫就没了，很担心他承受不了这个打击，便一大早跑来安慰他。

朋友说："迈克，车丢了，你千万不要着急生气啊！"

迈克却大笑起来："我为什么要生气呢？"

朋友非常纳闷，难道迈克急糊涂了？

迈克看到朋友一头雾水，就笑着解释道："如果你们不小心丢了2美元，会急得寝食难安吗？"

"当然不会！"朋友说。

"那么，我也不会生气的，因为我丢的就是2美元。"迈克笑着说。

是的，没有人会为丢失2美元而生气。迈克之所以过得快乐，就是因为他能够成功驾驭生活中的负面情绪，让自己尽快地从中脱离出来，然后开始新的生活。正如俗话所说："为误了头一班火车而懊悔不已的人，肯定还会错过下一班火车。"

迈克可不愿意成为那样的人。

过去的就是过去了，没有了就是没有了。如果你认为青春流逝会让你的生活变糟的话，那么在幸福生活来临之前你已经变得衰老了。同样的道理，如果你认为这一次的损失会让自己一无所有，你真的就会什么都没有，但在事实上，你还有下一次机会。

法则 20. 平心静气才能解决问题

容易生气的人，情绪往往是不稳定的，而当人的情绪不稳定时，就没有办法冷静清晰地去思考问题。为了不让已经做错的事情朝着更坏的方向发展，我们必须平心静气地去寻找解决问题的方法。

很多人都有这样的经历，那就是倒霉的事情往往是接连发生的，而我们常常以为是自己运气欠佳。其实从心理学的角度分析，我们一连串的不幸通常是因为第一件事情没有处理好而引发的。

当我们遇到了一件令自己不愉快的事情，这件事情产生的负面情绪就会影响到我们对下一件事情的判断，于是带着情绪去做第二件事情，进而是第三件、第四件……这样恶性循环下去，几乎一天当中所有倒霉的事情都找上了你，不幸也就是这样产生的。

艾丽是一名非常有实力的运动员，在这次的运动会上她被公认是夺冠的最佳人选，在她一进场时就引起了大家的齐声欢呼。受到如此的欢迎，她自己当然非常兴奋，忍不住地跟大家挥手致意。

不料，正当她兴奋地挥手时却没有注意到脚下的台阶，不小心被台阶绊了一下，一下子摔倒了。

面对满场观众，艾丽出了如此大的糗，顿时觉得十分没面子，心里立刻升腾起一种羞愧难当的感觉。直到比赛开始，艾丽都没能进入状态，依然在刚才那丢人的一幕中挣扎。因为情绪波动太大，她没能将自己的真实水平发挥出来，于是从夺冠大热门沦为了排名在后的选手。

可见，在关键时刻保持冷静是多么重要的一件事，如果我们不能驾驭自己的情绪，必将被它所驾驭。因此，要保持理智的思考，我们就需要在自己的头脑中装上一个控制情绪活动的"阀门"，让我们的情绪活动听从理智和意志的指挥。只有这样，才能保持情绪的平静和稳定，而这也是一个人取得成功的关键。

东京电信公司曾经处理过一次非常有名的事件。这个事件虽然很小，但是影响力却非常大。当时一位怒气冲冲的客户对接线生破口大骂，显然这位客户已经怒火中烧，他威胁说，要把自己家的电话连机拔起，因为他认为电信公司的收费不合标准，甚至无中生有。

当这位客户拒绝缴付费用时，接线生的态度表现得很强硬，甚至出言顶撞，这让他大发雷霆。

事情似乎到了不可收拾的地步，因为这位愤怒的客户写信给报社，并

无数次到公共服务委员会投诉电信公司，这让电信公司的处境变得很尴尬。最后，东京电信公司派出一位最干练的调解员去会见这位客户。

这位调解员来到客户的家里，向他介绍自己的身份，之后就不再做任何解释。他让客户痛快地将自己的所有不满发泄出来，在六个小时的会面过程中，调解员只是心平气和地静静聆听，并且不断地说"是的"，对客户所有的不满表示认同。

接下来的几天，调解员每天都去和这位客户会面。在第四次会面结束后，客户已经平静下来，而且缴清了所有的费用。

同事们问这个调解员是如何做到的，他回答说："我并没有做任何事情，甚至在第一次见面的时候，我连去见他的来意都没有说明，只是在认真地听他讲话。第四次的时候，他已经完全没有了怒气，事情就这样解决了。他不但把所有的账单都付清了，而且撤销了对我们的申诉。"

那个客户所要的不过是一种重要人物的感觉，但是从接线生那里他并没有得到，这让他的情绪变得很激动。

这种情况下，调解员并没有做过多的解释，因为那不是客户所需要的。他只是平心静气地去听客户的牢骚和不满，不管客户发多大的脾气他都保持平和与真诚，这让客户感受到了自己被尊重以及对方的诚意，所以事情也就迎刃而解了。

在处理这一问题时，调解员非常清楚，此时的客户是不冷静的，如果自己不去冷静对待的话，只能让事态变得更加严重，如同在已经烧起来的火上添一把柴。只有自己先平静下来，对方才能受到自己平静心情的感染，逐渐平复情绪，然后坐下来谈事情。

当我们因为一件事情变得过于激动时，就没有办法腾出精力去思考问题，因为我们的精力都被坏情绪占用了，想要解决问题就必须赶走它才行。

我们不妨做一个深呼吸，先冷静一下头脑，然后再去进行后续的工作，那些不幸就会减少很多。

气顺了人生就顺了

法则 21. 宽容是一种无需投资便能获得回报的精神补品

宽容不仅是对别人的一种原谅，也是给自己的一份福气，更是人生中的一种哲学。心胸豁达对改善人际关系和身心健康都是有益的，它可以消除人为的紧张，可以愈合不愉快的创伤，可以让我们少背负一些情感债。一个人的双肩轻松，那么他的道路是不是会比别人走得更顺畅、更平稳呢？

心胸豁达的人往往是最受人喜欢的，因为他不会为小事跟别人计较。这会让更多的人愿意与他接近，愿意成为他的朋友，进而为他赴汤蹈火。这是一个渐进的过程，而这个过程却是从你原谅别人的一件小事开始的。由此看来，宽容不仅能让你减少心理负担，还会让你心旷神怡。

一个心胸豁达懂得宽容忍让的人往往有着良好的"心理外壳"，他不会让负面情绪影响到自己的心情，进而保护了自我。一个心胸狭窄、不愿意原谅别人的人，心理的自我保护能力其实是极差的，因为无法容忍别人的过失，很可能因为一点点小事就弄得自己心理崩溃，让自己沦为一个不幸的人。

我们经常会在自己的脑子里预设了一些规定，规定着别人应该有什么样的行为。如果对方违反了这种规定就会很自然地引起我们的怨恨。事实上，因为别人对我们的"规定"肆意践踏或置之不理，就感到怨恨，是一件非常可笑的事。别人根本就不知道我们的规定是什么，更别说去遵守它了。

我们在内心深处经常有这样的暗示，以为只要我们不原谅对方，就能让对方得到一些教训。我们想当然地以为别人会为此感到内疚，时时刻刻想着得到我们的宽恕，只要我们不原谅他，他就没有好日子过。

一旦现实没有达到我们的心理诉求时，我们的情绪堡垒就会崩溃。

这其实是一种自我破坏的表现。大量事实证明，过于苛求别人或者自己的人，必定会让自身经常处于一种紧张的心理状态之中。相反，如果我们选择宽恕别人，我们的内心便会经历一次巨大的转变和净化，让心境为之开朗，也使人际关系出现新的转机，诸多忧愁烦闷也随之避免或消除。

在学校里，孩子们都认为玛利亚是一位严厉的老师，在她面前拘谨而又胆怯，连交谈都不愿意。

玛利亚自己也不想造成这样的局面，她觉得自己都是一片好心。为了让这些孩子好好学习，玛利亚对他们的要求非常严格，甚至有些苛刻。只要有谁犯了错误，她都会毫不留情地提出批评和惩罚。然而，她的教学效

气顺了人生就顺了

果并没有像自己希望的那样。玛利亚感觉自己就是一个垂头丧气的失败者，她对工作渐渐失去了信心，生活也随之变得沉闷乏味。

"要是我能少一点批评，多一点宽容呢？"有一天，玛利亚突然这样想。

于是，她开始了这项实验。

一天上午，玛利亚换了一套色彩鲜亮的衣服，并且带着微笑来到学校。在通往教室的路上，玛利亚被从后面突然飞过来的一个皮球重重地砸到了后背。这一突发状况将她吓了一跳，回头一看，原来是她的学生彼得。这个调皮好动的孩子看到是玛利亚立刻惶恐地从地上捡起球，然后吓傻了一样站在她面前。

玛利亚本来很生气，要是在以前她一定会狠狠地训斥他，可是今天她并不准备这么做。她耸了耸肩，做出一个轻松的表情，彼得道了声"对不起"便跑开了。

上课的时候，玛利亚没有挑剔学生们的坐姿是否端正，回答问题是否用词准确，注意力是否足够集中，她甚至连没交作业的学生都没有批评，只是提醒他们一定补上。一整天玛利亚都在用乐观宽容的心态与大家相处。

放学时，一向羞涩的女学生珍妮对她说："老师，您今天真漂亮！"

玛利亚自己呢？她从来没有像今天这样愉快和有信心过，她的学生们变得可爱极了，他们回答问题非常踊跃，而且反应敏捷、注意力集中。

玛利亚知道自己的实验成功了，这让她明白了生活中的一个道理：保持宽容。

很多时候，我们对别人苛刻真正的受害人其实往往却是我们自己。我们为此生了一肚子窝囊气不说，甚至连觉都睡不好。不仅打击了自己的自信，而且还会闷出病来。所以，明智的人是不会做这种傻事的，他们不会让自己陷入心胸狭隘的泥沼，他们明白宽容无论对人对己，都是一种无需投资便能获得的精神补品。他们愿意主动原谅别人，因为他们不想难为自己。

心胸豁达表现出的是一种博大和一种境界。正如雨果所说："世界上最宽阔的是海洋，比海洋宽阔的是天空，比天空更宽阔的是人的胸怀。"

　　也许我们的心胸不能像大海和天空那样宽广，但是为了我们的幸福，请尽量让它再开阔一些吧！

气顺了人生就顺了

法则 22. 笑口常开才能拥有美好人生

生活中令我们生气和遗憾的事情太多了，如果沉浸其中我们就没有力气再去做其他的事情。不如选择笑着面对生活，那样我们的身体就会随时注满能量。能量充沛了，心灵就会变得轻盈，美好的未来自然也不会太远了。

如果有人问"为什么这种事会发生在我身上"时，都只能得到一种回答："为什么不能？"因为上天不偏爱任何人，只要是人都难免会经历不幸和坎坷。但是，即便我们不能控制生活中的不幸和坎坷，我们的人生依然有两种选择，那就是快乐和不快乐。

当然，快乐并不是一件容易的事情，因为生活给了我们太多的挫折、不幸与苦难。面对这些不如意，抱怨和赌气是毫无意义的，应该学会微笑地面对生活，因为它只给笑着的人"糖"吃。

二十一岁的鲁本在一次战争中双目受伤。痛苦瞬间降临在这个充满朝气的年轻人身上，但一直坚强的他仍然乐观地活着。在战地医院里，鲁本跟其他病人说说笑笑，从来不把自己当一个病人，尽管他的眼睛很痛，但他还是笑着跟每个人打招呼。

鲁本常把自己的香烟和糖果配额分送给其他病友，还给他们讲笑话，使病房里充满了笑声。

医生们为了治好鲁本的眼睛几乎尽了全力，但是他伤得太重，根本不可能痊愈。一天清早，主治医生来到鲁本的病床前，遗憾地对他说："你好，鲁本，我不喜欢对病人隐瞒实情。"医生艰难地说，"很抱歉，我必须告诉你，你将永远失明……"

听到这个噩耗鲁本沉默了，时间瞬间凝固，每个人都在屏息注视着鲁本，担心他会想不开。鲁本却表现得很平静，他对医生说："对于这一点我早有准备，谢谢您一直没有放弃我，为我做了这么多。"

几分钟之后，鲁本转过头笑着对他的病友们说："毕竟，我还找不出任何让自己绝望的理由。我没有了眼睛，却还可以听和说，还有脚能走路，还有一双灵活的手，我想以后政府还会帮助我学会一门技艺让我可以安身立命。我会改变自己，习惯这种状态，因为我还要迎接新的生活。"

鲁本就是这样一个人，虽然失明但是仍然能笑对生活，他对未来充满了憧憬。他宁愿为幸福而奔忙，也不愿去诅咒现实的残酷。很多年以后，人们看到了一个笑口常开的盲人，他以精湛的技艺受到了大家的尊重。即使戴着墨镜，但是他脸上灿烂的笑容从来不会被遮住。

命运喜欢跟人开玩笑，它用不幸去试探每个人，看他们做何反应。如果你哭了，就会将你欺负到底；如果你依然保持微笑，就会敬佩并扶持你。在命运的打击下依然能带着疼痛微笑的人是值得尊重的，受到多大的伤痛也许只有他们自己最清楚，可是这种伤痛也让他们更加感受到生命的可贵。既然还活着，那就没有理由不让自己活得更好。

爱丽娜的一生几乎经历了一个普通女人所有的不幸。在她很小的时候，父母就先后病逝了；长大后，好不容易找到了一份工作，又被别人给挤掉了；后来嫁了一个当军官的丈夫，但婆婆却对她非常苛刻；婆婆过世之后，丈夫又有了外遇弃她而去，留她独自抚养女儿。她的人生才过了一半就已经满目疮痍，但是人们却从来没有看到她哭过，相反，她的脸上总是带着微笑。

一个阳光灿烂的午后，爱丽娜的一位朋友去她家玩，女儿和朋友的孩子在一边玩耍。在她们聊天的时候，朋友看到爱丽娜的女儿不经意间触动了往事，不由感叹她在遭遇这么多挫折之后，却仍然能活得如此平静快乐。爱丽娜笑了笑，没有作过多解释，只是给朋友说了一个故事。

很久以前有两个人去非洲打猎，在回来的途中碰到了一头狮子，其中一个人被狮子咬伤了。另外一个人就问他："你觉得疼吗？"被咬伤的人说："只有当我笑的时候才会感觉到疼。"

"其实我跟这个被咬伤的人一样，"爱丽娜对朋友笑道，"我被生活这头狮子咬了很多口，但我做人的一贯原则是忍着疼痛、坚持去动。不管笑也好哭也好，只要有感觉就有生命，只要有生命就有灵魂，只要有灵魂就有生存的意义、希望和幸福。"

朋友惊讶地望着爱丽娜那张饱经沧桑的脸，仿佛那是一方视线极其开阔的天窗，外面的世界一览无遗。

一个人能够平平安安度过一生是莫大的福气，可是这种福气不是每个人都能拥有的。我们不能阻止灾难的发生，但是面对灾难我们却可以选择保持乐观和积极的心态。

拥有好运并不一定是福气，总有那么多身在福中不知福的人，而拥有一颗坚强的心去笑着面对生活才是真正的幸运。因为无论在任何时候，遇到任何挫折与不幸都能保持微笑，勇敢地走下去，这才是一个人真正的福祉。

Chapter 3

不**丧气** 才能有 **朝气**

如果我们低下了头，又怎么可能看得清楚前方的路呢？垂头丧气的人不仅看上去没有活力和朝气，而且连自己的未来也一并赔了进去。因为你已经被命运打垮了，它可是不会优待俘虏的。

法则 23. 垂头丧气的人看不到未来

　　真正的世界末日不是失败和灾难的降临，而是我们对未来失去了信心和希望，变得垂头丧气、止步不前。

　　生活中的确有很多让人丧气的事情，失业、破产、失恋、意外，这些足以将人狠狠地打压在命运的底层，让人窒息，看不到希望。但是如果我们就这样被命运打垮，那就真的只能做命运的奴隶了。试想一个奴隶会是什么样子呢？沉浸在自己的失败和失望中无法自拔，最后连自己都失掉了。生活已然如此，我们为什么还要执著于痛苦呢？

　　虽然时间是一剂良药，但是痛苦并不会自动消减，它需要我们的努力才能逃离沮丧的泥沼，迎接崭新的明天。泰戈尔在一首诗里写道："你知道，你爱惜，花儿努力地开；你不知，你厌恶，花儿努力地开。"是的，无论别人怎样，花儿都在努力地开。

　　作为一个有思想、有理想、有梦想的人为什么连一朵花都不如呢？要知道，绽放是我们自己的事，是不需要任何理由的。

　　有位商人经营失败，变得负债累累。他觉得世界上再也没有比自己更倒霉的人了，终日神情沮丧、萎靡不振。

　　直到有一天，他在街上偶遇了一个失去双腿的残疾人。他看到那残疾

气顺了人生就顺了

人一边用拐杖艰难地挪动身体，一边在微笑。而且当残疾人经过他身边的时候，竟然神采飞扬地向他道早安。这让他顿时觉得羞愧极了。

回到家里，他立刻在最醒目的地方写下一行字："你抱怨，你难过，日子一天天地过；你快活，你欢乐，日子也是一天天地过，那么，为什么不选择后者呢？"

沮丧的心情会无限制地蔓延，它让我们无法正常工作，快乐的生活变得遥不可及。所以，沮丧并不是好的心理状态，我们必须尽快摆脱它，使自己的生活重新步入正常的轨道。即使我们不知道未来的情况是不是真的会好转，也要让自己的心情先好起来。如果无法改变现实，至少我们可以改变心态。

罗维尔·汤马斯主演了一部影片，讲述的是关于劳伦斯和艾伦贝在第一次世界大战中出征的故事，影片获得了非常热烈的回响。最让他感到兴奋的是，在这部影片中，摄影师用镜头记录了他和几名助手在前线拍摄的几个战争片段，他们以影片的方式记录了劳伦斯以及劳伦斯那支多彩多姿的阿拉伯军队，同时也记录了关于艾伦贝是如何将圣地征服的故事。在这部影片当中，汤马斯有一个名为"巴勒斯坦的艾伦贝和阿拉伯的劳伦斯"的著名演讲穿插其中，这个精彩演讲在伦敦和全世界都引起了轰动。

因为这次精彩的演出，伦敦的卡文花园皇家歌剧院决定将正在上演的歌剧延后六个星期，他们将这段时间让给了汤马斯，仅仅为了放映他的这部影片，并且让他继续讲这些冒险故事。

汤马斯在伦敦获得巨大的成功，之后他又带着自己的影片在好几个国家巡演。在成功的光环下，他准备用两年的时间去拍摄一部在印度和阿富汗生活的纪录片。

然而，这一次他却没有那么幸运，一连串倒霉的事情开始发生在他的身上，而这些事情直接导致他破产了。风光无限的汤马斯顿时成为一个穷光蛋，他的生活开始变得窘迫起来。他不得不告别以前的奢华生活，到街口的小饭馆去吃非常便宜的食物。而这也是因为自己的朋友知名画家詹姆士·麦克贝借给他钱，他才没有被饿死。

挨饿还是小事，欠的债务才是汤马斯真正要面临的危机。他进入了一生当中最低落和最黑暗的时期，这些压力差一点就将他压垮。好在汤马斯的EQ非常高，他虽然对目前的生活极度失望，但并没有失去信心，他总觉得未来的生活不会是这样。如果自己被这些倒霉的事情弄得垂头丧气的话，他就没办法努力地工作，更重要的是，在那些债权人眼里他会变得一文不值。

所以，即使面对如此大的人生危机，他依然选择昂首挺胸。每天早上当他要出去办事时，他都会为自己买一朵玫瑰花，将它插在自己的衣襟上，然后精神抖擞地出门。对他而言，挫折只是成功的一部分，是为了迎接成功到来必须接受的有益训练。

事实也的确如此，我们当然必须关心和关注我们存在的问题，但是在这个过程中我们自己却不能沮丧。我们关心并关注它，是为了更好地解决它，而不是受它的影响。我们必须清楚生活是一种态度，面对挫折必须抬头挺胸，这样才不会被挫折打败，才能看清楚未来的出路究竟在哪里。

每个人都会遇到挫折和不幸，同样，每个人也都有机会去获得幸福。生活是现实的，不是你想怎样就怎样，但你可以决定自己的命运，只要你拥有良好的生活态度。培根曾说过，人若云：我不知，我不能，此事难。当答之曰：学，为，试。

法则 24. 谁都有做错事的时候，请原谅自己

我们都是凡人，犯错是常有的事情，谁也不能保证自己所做的事没有任何瑕疵。做了错事就要承认错误，然后寻求改善的方法，之后请原谅自己。如果在错误中纠缠，只会浪费你的精力，耗竭你的自信，让你变成一个自怨自艾的可怜虫。

犯错是一件再正常不过的事情，如果我们因为自己犯了错误而不原谅自己，就会陷入痛苦的泥潭。我们被错误纠缠着，对自己所犯的错误进行抱怨，然后变得苦闷彷徨，害怕失败，如果举步不前，就会像一个失魂落魄的流浪者那样迷失在自己的世界里。

我们自身有很多可以避免的错误，往往让人们懊悔不已，尤其是在一些看似能够改变我们人生的重大问题上。我们由于自己的判断失误而犯了重大的错误，然后开始后悔自己当时的行为和决定，而且往往这种懊悔的情绪会维持相当长一段时间。在这段时间里，我们几乎无法正常工作和思考，犯错误的那一幕总是时时跳出来扰乱我们的情绪，让人变得不开心。有的人甚至一辈子都在各种各样错误的懊悔中度过，他们亲手毁掉了自己本应幸福的一生。

梅里夫人是一个矮小而肥胖的女人，但是她的虚荣心很强，总希望自

气顺了人生就顺了

己在任何时候都受人欢迎、被人关注。

有一次，她为一个宴会精心打扮了自己：头戴高高的帽子，身上穿着有粉红色蝴蝶结的晚礼服，胳膊上套着白色的手套，手中还拿着一根漂亮的尖头手杖。她觉得自己的一切都很完美，以这身行头出席将要举办的晚宴必定会大出风头的。

梅里夫人这样快乐地想着，却没有注意脚下的路。由于她的身材过于肥胖，在走路时，将很大一部分力量压在本来只是装饰的手杖上。手杖的头很尖，在经过一条松散的石子路时，不小心戳进了地里。由于手杖戳得非常深，梅里夫人一下子没办法将它拔出来。

她觉得有无数双的眼睛在盯着自己，便想立刻拔出手杖逃离现场。她眼中含着恼怒的泪水，用尽全身的力气终于将手杖拔了出来。可是由于用力过猛，在拔出手杖的同时，她也结结实实地跌坐在了地上。

原本美好的一天就这样被毁掉了，梅里夫人在大庭广众之下，当着那么多人的面出了丑，她无法原谅自己所犯的愚蠢错误，尽管她不是有意的。可是她觉得别人都看到了，而且其中一定有人认识她，他们一定会在私下议论她，她会成为大家的笑柄，以后该怎么面对自己的朋友们呢？

梅里夫人陷入了无止境的懊恼和悔恨中，她当然没有去参加那个可以让她大放异彩的宴会，因为那一跤已经让她满身泥泞。她灰头土脸地跑回了家，然后将自己关在家中整整一星期都没有出门。在以后很长一段时间里她都无法面对自己的社交圈，只要她看到别人在交谈，都以为那是在议论她所犯的错误，为此她简直要疯掉了。

梅里夫人无疑是一个可怜的女人，因为她太过在意别人的看法了，所以她无法原谅自己那个对别人而言只是微不足道的小错误。这只是件小事，可是对梅里夫人来说，却足以让她无地自容。她一直不能原谅自己的无心之举，于是在很长一段时间里都闷闷不乐。即使随着时间的推移让她淡忘了，但每当想起那一幕时，同样会让她觉得羞愧，这种折磨是具有延续性的，纠缠的时间越长给身心带来的伤害就越大。

其实我们很多人都在犯着"不肯原谅自己"的错误，在我们原来的错误上又添了一个更大的错误给自己。这个错误足以毁掉我们的人生，让我们成为一个可悲可怜的人。

虽然每个人都希望自己的此生没有遗憾，谁都想让自己做的每一件事都是正确的。然而，每个人的一生中不可能不做错事，也不可能一点弯路也不走。当我们做了错事、走了弯路之后，有懊恼情绪是正常的表现，这说明我们还可以自我反省，它让我们明白这种行为并不可取，也是我们改正错误的前提，因此这些属于"积极的后悔"。

但是，后悔是不能过度的，过度的后悔会让人沉浸在自责当中无法自拔，会影响我们的心境，也让未来的道路无法正常前进。所以，我们需要适时地给予自己原谅，正确地对待错误，认真地改正、积极地摆脱它，这才是犯错之后的正确处理方式。

气顺了人生就顺了

法则 25. 忧伤让你无法自拔

"忧伤"这种慢性病毒，会让一个原本生机勃勃的人变成行尸走肉。所以，我们必须想方设法摆脱这种病毒的纠缠，让心灵重新振作起来。

生活中总是有很多让人伤心难过的事情，这些事消耗着我们的精力，也让我们沉浸在其中不能自拔。忧伤仿佛有一种魔力，你明知道它对你没好处，却还不听使唤地跟随它的指引并不断靠近，直到自己的最后一点快乐、热情和爱都被耗尽。当不再忧伤时，恐怕心已经变得空洞，那么，活着的意义又在哪里呢？所以，我们必须摆脱忧伤的纠缠。

地中海的一艘游轮上，载着了许多快乐乘客，他们大都是成双成对来度假的年轻夫妇和情侣。这让出现在人群当中的一位老妇人显得非常抢眼，她看上去已经六十多岁了，而且形单影只。可是，这位老妇人的脸上却没有一丝的尴尬和落寞，她脸上洋溢的是快乐的微笑，甚至比那些年轻人看上去更加春风得意。

老妇人是一个寡妇，这是她第一次的海上航行，而且没有任何人的陪伴。但她却并不觉得难过，因为她已经走出了人生中最悲惨的时光，现在的她已经完全能笑着面对生活了。

在失去伴侣的那段日子里，她曾经一蹶不振，终日以泪洗面。忧伤腐蚀着她脆弱的心灵，她变得憔悴不堪，每天沉浸在失去丈夫的悲痛中，每每想起过往的种种喜怒哀乐，都会让她难以自持地痛哭流涕。她的孩子们对此非常担心，但是他们都有自己的生活，没有人能够每天陪着母亲，她一度觉得自己是这个世界上最不幸的人，她的人生已经完了。

无尽的忧伤没有带给她任何好处，很快她发现自己成了不受欢迎的人。因为没有人愿意跟一个整日愁眉苦脸、自怨自艾的人待在一起，甚至连她自己都开始讨厌这样的自己了。于是她决定改变，要让自己快乐起来。

她开始了曾经一度很热衷的绘画，这个兴趣不仅陪伴她度过了那段悲伤的日子，而且还给她带来了最大的报偿，让她拥有了独立的事业。

在失去丈夫之后，她居然获得了第二次的生命。她辛勤地作画，用微笑代替忧伤。出门拜访朋友时，她会提醒自己露出欢乐的表情，用最自然的状态跟朋友们谈笑风生。就这样，她成了大家欢迎的对象，朋友们开始争相对她发出邀请，小区的活动中心也邀请她去办画展。

几个月后，她登上了这艘游轮，并且很快就成为船上最受欢迎的游客，她对所有人都表示友好，但她从不介入别人的私人领域，也绝不依附于谁。无论走到哪里，她都能制造出和谐的氛围，受到大家的欢迎。

这位老妇人重新拥有了愉快的生活，因为她明白忧伤并不能解决任何问题，沉浸在忧伤之中并不能让事实有所改变。她的丈夫已经离开，那些快乐的时光已经一去不复返，但是她却可以重新拥有其他的快乐。只有让幸福的信念住进自己的心田，不幸才会无处藏身。

我们每个人都是一样，因为不幸或者我们不想看到的事情接连发生，让我们无法摆脱残酷现实的梦魇，我们习惯于沉浸在自怨自艾的忧伤中，这种逃避的行为，让我们以为自己可以免受更大的伤害。但是事实远非如此，即使我们的眼泪已经为此流干，我们还是一样地在生活着，并且必须生活下去。

不管我们想要的人生是怎样，它都一定不是被眼泪充斥的，因为生活不相信眼泪。面对忧伤，做一些力所能及的事情，改变一下自己的注意力，转过头先不去看那些让我们忧伤懊恼的事情，找一些现在能做并且可以做好的事情来重新建立自己的自信。可以是一次探险、一个旅行、一幅画作，甚至只是每天泡一杯咖啡或做一顿可口的饭菜。

　　当命运偶尔忘了去眷顾你的时候，你要做的一定不是伤心流泪，而是自己眷顾自己，自己取悦自己，因为生活还在继续，岂能伤心丧气！

法则 26. 别为打翻的牛奶哭泣

覆水难收是令人遗憾的，因为其中有太多的不甘心，就像牛奶被打翻了一样。可是我们不可能去改变已经发生的事情，唯一能使过去的错误产生价值的方法是汲取教训，然后忘掉它。

我们经常有这样的体验，一件本来不应该发生或者可以避免的事情发生在我们身上，我们眼睁睁地看着它却无能为力，这时一种非常令人懊恼的情绪就会席卷我们的全身。进而我们在很长一段时间都会沉浸在沮丧当中，我们觉得自己太失败了，对于生活和未来总有一种失落感和无力感。

这种感觉具有相当大的破坏力，让我们无心工作，甚至对原本喜欢做的事情都失去了兴趣。我们总是在后悔，后悔当初的决定，后悔为什么没有把事情做好，后悔在事情搞砸之前自己的荒唐行为，但无论如何，这些都于事无补。因为事情已经发生，伤害已经造成，无论我们怎么伤心难过都是没用的。

有一位执业多年的精神病学家，他在精神病学界享有很高的声誉。在他即将退休时对自己的职业进行了总结，他发现在帮助自己改变生活方面最有用的老师其实只是四个字而已。头两个字就是"要是"。

他说："我有很多病人，他们将时间都花在缅怀过往上，后悔自己当初该做而没有做，或者没有做好的事，他们最常说的是'要是我在那次面试前好好准备……'或者'要是我当初进的是会计系……'"

人的一生当中，最浪费时间的莫过于后悔。在后悔的海洋里打滚是严重的精神消耗，后悔的破坏力可以将人积极上进的好心态彻底摧毁，把人变得萎靡不振。我们必须清楚，即使动用所有的智力和人力资源，我们仍然不可能改写过去的错误和损失。我们可以做的是想办法改变刚刚发生的事情所带来的影响，但是对于事情本身是无法再做什么改变的。

所以，对于既往的过错我们应该采取的是降低过错带来的伤害，然后选择性失忆。与其埋在后悔的深渊里，不如打起精神对自己说："下次我不会再犯同样的错误。"

为打翻的牛奶哭泣是最没有用的，我们能做的是下一次不要打翻。

有一个学生老是会为很多事情发愁，经常为自己犯过的错误懊恼不已，他总是想那些以前做过但没有做好或者搞砸的事，希望自己当初没有这样做，或者懊恼没有做好。这使他整天愁眉苦脸，做什么事情都无精打采，然后继续犯自己不该犯的错误，接着继续懊悔……

他的老师发现了这个整天活在后悔中的学生，并且想要帮他从悔恨的漩涡中解脱出来。于是，某天早上老师将全班学生召集到科学实验室。

在实验室，学生们看到老师的桌子上除了一瓶牛奶之外什么都没有，他们正在想着老师今天会用这瓶牛奶做什么实验时，老师突然站起来，将那瓶牛奶打翻在水槽里。学生们被老师的这一举动吓到了，正当他们惊愕之际，老师大声对他们说："不要为打翻的牛奶而哭泣。"

他把所有人叫到水槽旁边，让他们好好看一看那瓶打翻的牛奶，并对他们说："我希望你们一辈子都能记住这节课，你们看好了，这瓶牛奶已经全部流光了，无论你怎么着急，怎么后悔，怎么抱怨，都不可能再取回一滴。我们现在所能做的就是把它忘掉，忘记这件事情，只专注于下一件事。"

所以，千万不要沉浸在过往的错误当中，已经发生的事情并不会因为你的后悔而有丝毫的改变。当我们看到牛奶已经打翻，为什么还要为它浪费眼泪呢？它像任何无法挽回的事情一样，没有再改变的可能，已经没有必要再浪费时间在它身上。虽然犯错和疏忽都是我们的不对，但是事情已经这样了，而且谁没有犯过错呢？你要做的是从中汲取教训和经验，为下次做好防范，不让错误再犯，这不仅会让你的生活轻松得多，而且还为你的成功增添动力。

法则 27. 担忧并不能阻止事情的发生

我们总是担心还没有发生的事情，害怕事情发生之后自己无法承担。却没有想过，在事情发生之前我们所承担的已经超过了自己的心理负荷，如果继续不停地给自己加码，势必会让自己崩溃。

而且，这种担心浪费了你在事情发生之前想办法的时间和精力，让本来可以阻止的事情变得彻底糟糕，于是担心变成了懊悔、沮丧和忧伤——面临如此多负面情绪的压迫，你承受得起吗？

没有人能计算得清楚担忧究竟给我们造成了多大的损失与灾祸。我们把过多的时间用在担心问题的发生上，浪费了解决问题的时间，然后眼看着最坏的结果在我们眼前呈现。我们以为自己烦恼的事情终于应验，其实我们只不过是被无谓的担忧打败了而已。

担忧会造成人的失败，破灭人的希望，使天才流于平庸，虽然我们不想，但是却在很多时候又不自觉地被担忧左右。当一个人为担忧所烦恼时，就没有办法正常思考，没有办法为解决问题提供一个正确的思路。最后为烦恼所困而不能自拔，犹如饮鸩止渴般让问题一步一步走到崩溃的边缘……

罗莉简直快要疯掉了，她发现自己负责的一个工作出现了重大的纰漏。但是她不敢跟上司说，因为一旦她说出来也许就会面临被解雇的危险。她每天都在担忧，害怕上司或某个相关的人员发现这个问题。担忧所造成的压力已经让她快要窒息了，她觉得自己的后背非常疼，并且觉得恶心，这种状况越是到工作接近完成越是严重。

罗莉活在害怕和担忧当中，她没有办法用心工作，更没有办法正常思考，她每天都在观察上司的脸色，看他究竟发现没有，还要从同事那里旁敲侧击地打探风声，整个人变得敏感又神经质。

但是无论她如何祈求上帝保佑，她所担忧的事情还是发生了。上司大发雷霆，因为这个纰漏让公司损失惨重。如果当初罗莉肯把事情说出来，事情还有办法补救。可是她因为害怕一直不说，结果被耽误了，她自己也正像她所担忧的那样被解雇了……

罗莉的故事告诉我们，无论我们再怎么担忧，事情该发生还是会发生的，担忧在这个过程中不仅没有任何价值，还会将事情变得更加糟糕。但是如果我们将注意力转移到解决问题上呢？那结果当然大不一样！

卡斯特罗是一位从军队退役回到家乡的年轻人。退役后不久，卡斯特罗在一家水力发电公司找到一份机械工的工作，他非常喜欢这份工作，并且做得非常好。这样快乐地工作了一年半之后，因为工作的出色，老板告诉他，他已经被升为工厂重柴油机械部门的领班了。

可是，这个消息不仅没有让卡斯特罗感到高兴，反而让他担心起来。他觉得自己做机械工的时候很快乐，可是自从当了领班之后，肩上的责任让他的心里产生了一股巨大的压力。他开始吃不好睡不香，总是担心自己的工作做不好，害怕哪一天突然有事故发生，自己没有办法解决。就这样担忧和焦虑就像影子一样一直跟着他。

终于，卡斯特罗一直担心的事情发生了。当时，砂石场上应该有四部牵引机牵引着挖掘机进行作业。但是，当他到那里的时候，却发现现场安静得让人感到不安，卡斯特罗快速地检查了四部牵引机，发现它们居然同时全都坏掉了。

担心的事情终于发生了，而随之而来的是更加让人恐慌的担忧。他不知道自己该怎么办，如此重大的事情自己究竟要负多大的责任？老板会不会大发雷霆将自己炒掉？

各种不好的想法开始萦绕在他的脑海中，让他的头都快爆炸了。他向老板报告这一情况时，简直就像度日如年，觉得天就要塌了。

但让他意外的是老板并没有骂他，只是微笑着对卡斯特罗说了一句话："修好它们。"

正是这简单的几个字，让卡斯特罗如蒙大赦，他突然觉得自己很傻，只顾着担心，却忘了不管情况有多糟，总能找到解决的办法。自己没有去想办法，而是把精力浪费在最没用的担忧上，这简直太可笑了。

担忧并不能改变什么，能改变事实的只有行动而已。既然事情的发生是必然的，我们唯一的解决办法就是"修好它"。

我们必须清楚，任何事情都没有我们想象中的那么糟糕，只要我们不被担忧纠缠，我们就有足够的时间想出解决问题的方法，更何况我们所烦恼和担忧的事情绝大部分是不会发生的。为这些不会发生或者无可挽救的事情担忧显然是一种可笑的行为。

一个致力于把事情做好的人，是永远没时间去烦恼这些事情的，因为他非常清楚杞人忧天对事情本身没有任何价值可言。

聪明人会这样说："有烦恼时不必去想它，在手掌心里吐口唾沫，让自己忙起来，你的血液就会开始循环，你的思想就会开始变得敏锐。"最后，这样的人都会成为生活的主导者，游刃有余地驾驭着工作，享受着成功。

法则 28. 适当降低标准，你会活得更好

标准是一个人所要达到的目标，因为有了目标我们才会有前进的动力。但是我们必须清楚，并不是目标越高，动力就越足或者取得的成绩就会越大。标准定得太高有时候反而会难倒自己。由于达到高标准的目标总是很困难，压力会因此变得很大，而且也容易放弃，从这一点上来说，它会阻碍你的成功。

《论语》有句话："取乎其上，得乎其中；取乎其中，得乎其下；取乎其下，则无所得矣。"这句话看上去似乎非常有道理，好像标准定得越高越好，因为太低的话我们最后很可能什么都得不到。但这句话却要辩证来看，因为每个人的素质是不一样的，所以标准也应该不尽相同，并不是别人能达到的我们就一定可以做到。所以，这句话中的"上、中、下"应该是针对每个人自身而言，是我们所能做到的"上、中、下"，而不是别人眼里的"上、中、下"。

这种观点在现代心理学中得到验证。心理学家研究发现，如果是按照相同的标准来要求所有的人的话，其结果将会出现很大的不同，只有选择高出自己能力并且如果努力就能做到作为标准的人，才能将事情完成得最好。原因在于，对自己要求过低的人容易变得懒散，而且没有上进心，所以事情到了他们手里只会搞砸；而如果标准定得过高，又太不容易做到，

人们承受的压力过大没办法将真实的水平发挥出来，而且一旦发现自己做不到就会找到借口："我做不到，是因为这个标准实在太高了……"，这样就很容易得到别人和自己的原谅，所以更容易放弃。而放弃的结果很可能就是让自己的自信心屡受打击，在屡战屡败中消磨精力和生命。

莉萨非常想学弹吉他，并且想在一个月后学校的新年晚会上弹奏她最喜欢的一首曲子。但是，她很快就开始变得沮丧，因为那首曲子实在是太难了。而她作为一个对吉他仅限于喜欢的初学者，这个目标显然是太高了。莉萨在开始的那几天通宵拼命，可是不管她怎么努力总是弹得七零八落，不是漏掉这个音符，就是跟不上那个节拍。她的手指都被磨破了，但是连一小节都没有学会。

每天受莉萨吉他声煎熬的同学也受不了了，劝她放弃这首曲子，换一首旋律轻松又容易学的去弹。大家本来是为莉萨好，因为距离新年晚会的时间已经不多了，按莉萨的水平和进度根本就不可能上台表演。对于同学的好意，莉萨并不领情，她想在新年晚会上一鸣惊人，那些简单的旋律除了将她淹没之外什么作用都没有。

半个月后，莉萨还是完全不得要领，同时又不肯降低标准，眼看晚会在即，自己连一首像样的曲子都拿不出来，最后只能放弃。放弃的同时她还不忘跟同学们解释："时间太短了，这首曲子又那么难，我每天都要上课，根本没时间练习。如果时间足够充裕的话，其实是可以弹得很好的。"

可以想象，即使莉萨真的有足够的时间，她也不会完成的，因为在一年之后的新年晚会上，她仍没有带着吉他上台表演。一年的时间已经足够充裕了，为什么莉萨仍然没有学会弹吉他呢？因为她总是选择难的练习，并且一遇到挫折就放弃，最后只能跟自己说："我不是那块料！"

莉萨真的是因为"不是那块料"才学不会弹吉他的吗？当然不是，很显然她是把目标定得太高了，高到以自己的能力根本没有办法去完成，最后只能是放弃。而这种放弃是会让我们的自信心受伤的，也许我们会因此这辈子再也不去碰我们钟爱的"吉他"，甚至还会憎恶它。我们当中的很多人之所以每天生活得很苦闷，其实跟自己的自信心和期望值受到打击有着相当大的关系，大多数情况下并不是我们真的很差劲或者"不是那块料"，而是我们对自己的要求过于苛刻，以至于没有办法达到。

这样的生活其实是非常累的，因为达不到既定的标准而累，因为自信受挫而累，因为不如别人优秀而累……我们生活在一连串的自我破坏当中，生活又怎么可能幸福快乐呢？所以，为了让自己生活得更好，还是根据自己的情况适当降低一些标准吧。这样完成起来会比较轻松，完成之后的成就感也会产生更多的激励，为朝更高的目标迈进提供动力。

气顺了人生就顺了

法则四. 别让"空虚寂寞冷"变成"羡慕嫉妒恨"

越是生活在繁华的大都市，人们往往就越感到寂寞，不管是单身的男女、孤寡的老人还是成功人士，很多人都因为没有打理好自己的私人空间而变得空虚孤单，寂寞的感觉自然时时袭上心头。而寂寞的衍生物是"空虚"和"冷"，如果我们被这些负面情绪长期纠缠之后，羡慕、嫉妒和恨便产生了。

寂寞是一种状态，往往预示着孤独和空虚的降临。而且它还会带来一种心理暗示：我已经被人遗忘，在这个世界上没有人爱我，也没有人在乎我，更没有人会记得我的存在。这种负面的心理暗示会让人变得自怜自艾，进而对现实产生一种憎恶感，觉得世界上所有的人都对不起自己。尤其是那些比自己幸福的人，更是成为眼中钉肉中刺，甚至可能会因此做出过激的行为。

罗丝大学毕业之后就独自一人到纽约闯荡。她是一个漂亮的姑娘，当然也受过非常好的教育。她的母亲告诉她，要远离一切看起来危险和不规矩的男人。她谨遵这一教诲，每天下班之后，就会回到那个租来的小公寓里。刚开始的时候，她觉得这样的生活没有什么不好，因为刚刚进入公司，她有许多东西要学习，而且每天都忙得不可开交，回到公寓只想倒头大睡，根本没有时间去想别的。

但是半年之后，罗丝开始觉得空虚起来，因为她已经完全熟悉了自己的工作，以及与工作相关的人，做任何事情都变得得心应手。她开始有了充裕的时间，但是这并不会让她觉得有多轻松，因为她回到住处后完全无事可做，本来很小的公寓居然变得空旷和阴冷起来。

她当然也想交朋友，但是她又太过小心翼翼了，她不愿意去结识那些从酒吧里出来的男男女女，更不愿意参加交友俱乐部。所以，罗丝越来越感到寂寞，甚至开始变得孤僻。

两年以后，罗丝依然没有交到任何朋友，她看到那些亲密交谈的人甚至开始觉得胸口憋闷，并且讨厌一切在她眼前出现的恋人，所以她越来越不爱上街，也不看任何关于爱情的电影或者电视，因为她觉得那些都是骗人的。她的心理越来越阴暗，有一次甚至把邻居家那对恩爱夫妻的车胎给刺破了……

一个人的空虚和寂寞有时就是这样可怕，让人把自己心底的怒火和怨气转化成妒火和憎恶转移到一个不相干的人身上。你是不是也有过这样的心理呢？因为自己过得不尽如人意，就开始憎恨那些过得比你好的人。这种嫉妒的情绪是最能啃噬人心的，自己不痛快不说，还让无辜的人跟着遭殃。这是一种极其不健康的心态，我们必须想办法将它摆脱掉。

所以，当我们感到寂寞时，我们不能忽视或者逃避它，我们要做的是找到自己哪里出了问题，为什么我们会让寂寞找上自己。当然，在很多时候，我们也不希望这样，空虚和寂寞在很大程度上也许是社会造成的。

正如李思·怀特所说："随着人口的迅速膨胀，人与人之间可以患难与共的真情已经逐渐消失了……我们生活在无个性的世界，我们的事业，政府的规模，人们的频繁迁徙等等，导致我们在任何地方都无法获得持久的友谊，而这还不过只是令数百万人倍觉寒冷的新冰河时代的开始而已。"

尽管如此，我们依然能做一些改变，也许我们不能改变社会形态，但是我们却能改变自己的心态。我们首先要做的就是拿回属于自己的热情，靠自己的力量去创造出温暖和友谊。我们必须从"自怜"和"自恋"中走出来，把目光对准外面的世界，学会去欣赏别人，去选择和结识新朋友，和他们一起分享快乐；我们还可以找很多事情来做，比如读书、进修或者做义工；同时我们还必须学会享受自己的生活，在爱情和友情来临之前，也能让自己生活得满足和快乐，这才是最重要的。

戴尔·卡内基说："世上充满了有趣的事情可做，在这令人兴奋的世界中，不要过着乏味的生活。"乏味的生活不仅无聊而且可怕，它会让你走进可怕的深渊，会让"空虚寂寞冷"演变成"羡慕嫉妒恨"，这对任何人来说都不是好事。所以，如果你感到空虚和寂寞了，千万不要继续受它摆布，像卡内基说的那样去找点事情来做吧！

法则 30．牛角尖太小，还是出来吧

牛角尖是一个狭窄的地方，没有人喜欢待在里面，但是却不知不觉钻了进去。为什么？因为人的固执和偏见。固执的想法往往会将我们牢牢套住，让我们不自觉地朝着一个地方行进，结果却进了一条死胡同，让自己无路可逃。而一个没有出路和生路的行为，必然与成功无缘。

人的思想是一种非常奇妙的东西，它没有形状，无迹可寻。正是它的"无形"和"无迹"，决定了思想可以不受限制地四处蔓延，漫无边际地游走于宇宙的各个角落。一个人开阔的思路就像蓝天和大海一般一望无际，这种一望无际使人的视野更加开阔，步履也才更加冷静镇定。也正是由于它的无形和无迹，也会常常使人固执到底，结果走进一条死胡同。于是就有了很多钻进牛角尖的人，他们被自己的思想困住而无力自拔，就像一条钻进瓶子里的章鱼。

神秘的大海中生活着各种千奇百怪的鱼类，每一种都有自己的生活习性，而各自的生活习性又往往决定了它们在海洋中的生存状态。章鱼就有一种怪癖，一只章鱼的体重可以达到 70 磅重，然而它们的身体却非常柔软，柔软到几乎可以让它们将自己的身体塞进任何它们想去的地方。

因为章鱼没有脊椎，这种特性让它可以非常容易地穿过一个硬币大小

的洞。所以，这也便成了它们的优势，利用这一优势，它们非常聪明地将自己的身体塞进小小的海螺壳里躲藏起来，静待猎物的出现。当鱼虾慢慢靠近时，它们就会突然出来，咬断猎物的头部，并将毒液注入它们的体内，使其麻痹而死，然后自己再慢慢享用送上门的美味。对于海洋中的其他生物来说，章鱼的这一特点让它成为海洋中最可怕的动物之一。

然而也正是它的这一特点，使它成为了渔民的猎物。渔民掌握了章鱼的这一天性后，开始对章鱼大肆捕捉。他们的做法非常简单，就是将一个个小瓶子用绳子串在一起沉入海底。

这些爱钻"牛角尖"的章鱼一看见小瓶子，都高兴得不得了，争先恐后地往里钻，无论这个瓶子有多么小、多么窄，它们都照钻不误。结果可想而知，这些在海洋当中无往不胜的捕猎高手，最终成了渔民瓶子里的猎物，变成人类餐桌上的美味。

究竟是什么囚禁了这些原本很聪明的章鱼呢？真的是那些瓶子吗？当然不是。那些都只是表象，瓶子并不会主动捕捉章鱼。真正将章鱼囚禁的其实是它们自己，它们习惯性地按照自己的思维向着最狭窄的道路越走越远，从不去看一看那是一条多么黑暗的道路，即使那条路是死胡同它们也义无反顾，所以，最后吃了亏碰了壁也怨不得别人。

其实，我们的思想在很多时候也如同这些自以为是的章鱼，尤其是当我们遇到苦恼、烦闷、失意、诱惑这样的"瓶子"时，却以为找到了自己的目标拼命往里钻，没想到却将自己囚禁起来，无力挣脱。想想自己是不是已经钻进了痛苦的瓶子里，而且越陷越深呢？生活就如同广阔的海洋，蕴藏着那么多有价值的东西，而我们却一味往瓶子里挤，结果思想变得越来越狭窄，人生也越来越失去光亮。

喜欢钻牛角尖的人，其实都有这样的特性：像章鱼那样自以为是。习惯凭借自己的经验、直觉和感受来判断和认定事物；习惯于被自己认定的信念蒙上双眼，固执地朝着自己认定的目标前进，再前进，结果却钻进了痛苦、失望、被动的牛角尖，成了自己思想的猎物。

比如一个患了厌食症的人，即使已经瘦到皮包骨，他都觉得自己还是很胖，所以不管别人怎么说，都完全听不进去。即使在照镜子看到眼前的自己时，也会遮掉所有与这种想法相左的信息，一意孤行地按照自己的想法节食减肥……

我们就是被固执的想法一直牵着鼻子走，它让我们听不到周围的声音，只按照自己的想法行事，结果不仅没有解决问题，还让自己变得非常被动。正如卡罗琳所说："你越是为了解决问题而拼斗，你就越变得急躁——在错误的思路中陷得越深，也越难摆脱痛苦。"

为了减少这种痛苦，我们能做的就是摆脱一意孤行的"恶习"。虽然坚持是好的品质，但是并不包括坚持错误的想法。

多听听别人的意见和想法，即使对方的观点不正确，也可以作为一种参考。至少在考虑对方的想法时，会听到不同的声音，会有更广阔的思路和更开阔的视野，对事物做出更全面的判断。

法则 31. 失败不可怕，可怕的是害怕失败

　　一个人如何面对失败是决定其是否成功的关键因素。面对失败有的人失望、有的人失落、有的人失意，但最可怕的是失去勇气。一旦我们因为害怕失败而失去争取成功的勇气，那么我们将注定与成功擦肩而过。

　　失败对每个人来说都是一件很痛苦的事情。因为它意味着你所有的努力却付之东流，你的能力受到怀疑，你的前途渺茫难测。失败的人往往失意，因为无论是别人还是自己都不再相信自己，失败的阴影总会不经意就提醒你：你是一个没用的失败者！很多意气风发、能力卓越的人就是被这种失败的意识打败，从此一蹶不振。

　　这也是很多人害怕失败的原因所在，他们所害怕的是失去自信心。所以他们想得最多的不是如何争取成功，而是如何躲避失败，保证自己万无一失。不过很可惜，有这种思想的人从一开始就将自己困在了一个不可能有非凡成就的位置上，结果只能是限制自己的发展。如果我们的抱负仅此而已，我们大可安于现状、裹足不前；如果不是，那么就请不要缩手缩脚躲在安全的"蜗居"里，因为即使那里面再安全，你所能施展的空间也是有限的。想要发展就得走出来，更何况失败没有我们想象中那么可怕，我们所敬仰的那些伟大的或者成就非凡的人，有哪一个不是从失败中走过来的呢？他们能拥有令世人瞩目的成就不正是因为他们不惧失败吗？

艾柯卡曾担任福特公司的总裁，当时的福特公司是世界汽车行业的领头羊。而在艾柯卡的领导下，福特的经营状况更是越来越好，在行业领先的情况下稳步增长。

然而，就在艾柯卡的事业和福特公司的发展如日中天的时候，艾柯卡卓越的经营才能遭到福特公司的老板福特二世的嫉妒，他解除了艾柯卡的所有职务。这个决定出乎所有人的意料之外，但也在情理当中。原因非常简单，因为艾柯卡当时在福特公司的声望和地位已经超过了公司的拥有者，所以作为公司的老板福特二世非常担心自己的公司有朝一日会成为艾柯卡的，这是任何一个老板都不愿看到的情况。

虽然福特二世的做法情有可原，但是整件事情最无辜的受害者就是艾柯卡，他没有做错任何事情，却遭受如此不公正的待遇和打击。这让艾柯卡第一次尝到了失败的滋味，他的人生也随之步入了低潮。艾柯卡坐在一个不足十平米的狭小办公室里思绪良多，终于他下定决心，离开了自己付出无数心血的福特公司。

在艾柯卡离开福特汽车公司之后，许多世界著名企业找上了他，这些企业非常认同他的领导才能，并且深切同情他的不幸遭遇。有的老板亲自上门拜访，希望艾柯卡能重新出发，为自己的公司效力。但是，他们的盛情邀请都被艾柯卡婉言谢绝了，因为在他的心中已经有了一个目标——从哪里跌倒就要从哪里爬起来，即使要重新出发，他也要从事曾让自己摔了大跟头的汽车行业。

所以，艾柯卡最终选择了克莱斯勒公司，他做这个决定不仅是因为克莱斯勒的老板三顾茅庐，更重要的是他看到这个原本是美国第三大汽车公司的企业已经千疮百孔，甚至濒临倒闭的边缘。他要用自己的行动向福特二世和所有人证明，他能将克莱斯勒救活，艾柯卡并非一个失败者。

果然，在入主克莱斯勒之后，艾柯卡对公司进行了大刀阔斧的改革和全方位的整顿，在他的领导下，终于走出了破产的边缘，再度走向辉煌。

而艾柯卡拯救克莱斯勒公司的案例也被当成商业案例中一个著名的典型。

决定成功与否的最重要条件，除了我们所做的努力之外，就是我们如何正确地对待自己的失败。如果我们内心深处都认为自己失败了，那我们就真的失败了。艾柯卡没有，他从来不认为自己是一个失败者，他也不惧怕现在或者未来的失败，所以他能勇敢大胆地往前走，最后成为众人学习的成功楷模。

诺尔曼·文森特·皮尔说："确信自己被打败了，而且长时间有这种失败感，那失败可能变成事实。"

而如果我们像艾柯卡那样正确地认识和面对自己的失败，只是将它当成人生进行曲中的一个小插曲，那我们终有奏响成功进行曲的一天。所以如果你想成功，就一定不要惧怕失败，要做的是迈开脚步往前走，而不是算计前面会不会有条沟或有道坎。

对一个向往成功的人来说，如果觉得坦途在前，又何必为了一些小障碍而不走路呢？

法则 31. 每个人都有自己的价值，你用不着自卑

自卑的人总是在自卑中将自己埋没。成功需要的是自信，自信没了，成功自然也就没了着落，埋没是迟早的事。自卑的人大都缺乏生活的勇气，他们无法与强大的外力相抗衡，进而使自己深陷在痛苦的陷阱中。想要彻底摆脱自卑，最好的方法就是明白自己的价值，然后利用自己的价值。

自卑情结几乎人人都有，在比我们聪明的人面前自卑，在比我们漂亮的人面前自卑，在比我们富有的人面前自卑，在比我们成功的人面前自卑……我们每天都被自卑压抑得喘不过气来，长此以往又如何去超越别人，创造成功呢？

自卑往往让人们看不到自己的优点和价值，习惯性地拿自己的缺点跟别人的优点相比较，结果只能是越比越泄气。其实，就算我们真的不如别人，也完全用不着自卑，因为即使我们的人生是失败的，也有失败的价值。

沙漠当中有五只骆驼在吃力地行走，它们和主人率领的驼队走散了，这让它们非常沮丧。眼前除了黄沙之外别无他物，只能凭着其中一只老骆驼的经验往前走。

不知什么时候，它们的右侧方向又出现了另外一只精疲力竭的骆驼。大家定睛一看，原来是一个星期之前就走散的另一只骆驼。五只骆驼当中

除老骆驼之外的另外四只看到它轻蔑地说："你瞧，到现在都没有走出去，还不如我们呢！"

"就是啊，我们别理它，省得它拖累我们！"

"没错，咱们就当做没看见。"

"看那灰头土脸的样子，它对我们一点用都没有……"

四只骆驼就这样你一言我一语地议论着，它们都想避开这只迷路的骆驼。而那只骆驼显然也是自惭形秽，不好意思靠近。只有老骆驼冷静地说："你们不要这样，它对我们是非常有帮助的。"

说着，老骆驼便热情地去招呼那只落魄的骆驼："虽然你早就迷路了，现在的境遇比我们更糟，但是你的经历比我们更多，所以你一定知道往哪个方向是错误的。这对我们来说就已经够了，所以请跟我们一起上路吧，有了你的帮助我们一定可以成功的。"

没错，即使是一个失败者也用不着自卑，因为失败也是有意义的。何况我们当中很多人并没有经历过多么严重的失败，我们只是不肯正视自己的价值而已。一味自卑只能使我们的价值贬值，正如培尔辛说的："除了人格以外，人生最大的损失，莫过于失掉自信心了。"

为了不给我们的人生造成过大的损失，请放弃自卑的念头，认清自己的价值，哪怕自己只是一棵不起眼的小草，也要昂首面对生活。

有一个自卑的农夫，他成天都在埋怨自己的命运不好，一辈子只能做农夫，地位卑微，又被别人看不起。这种想法使他终日闷闷不乐、垂头丧气，做什么都无精打采，院子里长满了荒草也懒得打理。

夏天到了，荒草已经长满了整个院子，农夫不得已只好去整理。当他弯下腰去拔出这些小草时，心里非常怨恨，因为天气很热，他每弯一次腰都会汗流浃背，于是他开始诅咒："这些该死的小草，要是没有它们，我的院子一定很整洁很漂亮，老天为什么要让这些可恶的草来破坏我的院子呢？"

一棵刚被农夫拔出的小草恰好听到了这番话，它对农夫说："你觉得我们讨厌，可是你也许从来没有想到过，我们也是非常有用的。我们将自己的根扎进土中，当你将我们连根拔掉时，泥土就等于被耕过的了。"

小草接着说："另外，在下雨时，我们可以保护泥土不被雨水冲掉；在天气干旱的时候，我们还可以防止大风将沙土刮起；我们还是院子里的点缀，没有我们，你赏花的乐趣就会减少一大半……难道这些不是我们的价值吗？"

一棵渺小的小草都没有因为自己的微不足道而自卑，农夫不禁对它肃然起敬，小草教会了农夫，每个人都是有价值的，任何人都不必觉得自卑。

世间的一草一木、一花一树都有着自身的价值，何况是人。每个人都有自己的特点，重要的是你自己要认识自己的长处。怀有自卑情结的人，遇事总是先将"我不行"、"这件事我做不了"、"这项工作超出我的能力范围"等等作为借口，还没有试一下就给自己判了死刑，这种情绪必须改掉。

当然，对于一个自卑成为习惯的人来说，想要改正并不容易，但是下意识地采用一些方法会有所帮助。比如，只把自己生活中那些积极美好的东西刻进记忆，其他全部摒弃掉，对于过去的记忆采取相同的方式，只挑那些美好的来回忆，渐渐地我们就可以用积极的思想去代替消极的思想。而这种替代的结果，就是我们的思想总是被正面积极的情绪包围，这些情绪对我们建立自信非常有帮助，当我们的自信渐渐强大起来后，自卑也就没有了立足之地。

总之，我们必须清楚，不管我们是怎样的人，现在身处什么样的地位，我们都有自己的价值。我们必须用积极的心理暗示去欣赏和愉悦自己，让自信取代自卑，植根于我们的意识之中。

法则 33．失望不绝望，人生才会有希望

现实总是令人失望和难过：疾病、感情、事业……但凡我们所能接触到的事情，每一项都有令我们失望的可能。但是，在最坏的事情发生之前，我们都不应该对人生绝望，无论失去什么，只要希望仍在，我们依然还能企及成功。

有人说：一个人最大的破产是绝望，最大的资产是希望。

这句话总结得相当精辟。我们的人生是我们的全部身家，如果我们对生活绝望，那么人生必然破产无疑，我们所有的心血经营都将化为乌有。如果我们仍然抱有希望，那么人生依然还有"翻本"的机会。

"希望"是一件神奇的宝贝，被关在潘多拉盒子的最底层，即使盒子里的所有灾难全部跑出来，希望仍然在里面。正因为它的存在，让我们无论经历什么样的艰难险阻和惨重打击，都仍然能够坚强地走下去。

在美国的一个小镇上有一位著名的医生，他的成名除了医术高明而享誉小镇之外，更以坚强的斗志战胜了病魔，创造了奇迹，从而成为众人的楷模。

在医生四十岁的时候，他的事业发展得很好，在小镇开的诊所受到大家的认可，事业蒸蒸日上。正当他意气风发时，不幸的事情发生了。他在

107

做每年的例行检查时，被诊断出患上了癌症。这对任何人来说无疑都是当头一棒，何况他还是一个医生，当然能够读懂诊断书上那一堆数字代表了什么。

他知道自己将不久于人世了，这让他的情绪一度非常低落，在刚确定病情的那段时间里，他的心情糟糕透了，他对人生感到失望，整个人变得非常悲观。在有限的生命里，还有那么多事情没有做，那么多的东西割舍不下，想到这些，他就觉得非常难过。但是几天之后，他想通了，他接受了自己生病的事实，并且决定在剩下的日子里好好生活。他把精力用在去完成那些没有做完的事情上，他开始专注于自己的生活，对人对事都变得宽容随和，因为他要加倍珍惜身边的一切，在他离开之前好好地去爱。

他辛勤地工作着，并且在工作之余一直没有放弃跟病魔斗争，因为他希望自己可以活得稍微长一点，他还有事情没有做完。就这样他平安度过了好几个年头，而且每一年的检查，癌细胞的数量都在比上一年减少。人们惊讶于他的传奇故事，问他是什么神奇的力量支撑着他多活了这么久。

这位医生回答说："是希望。虽然我也对生活失望过，但是最后我觉得希望更加有价值。所以那之后的每天早晨，我都会给自己一个希望：希望我今天可以多治好一个病人，希望我今天的笑容可以温暖那些生病的人，希望我今天可以给家人一个惊喜……"

希望就是有这样一种神奇的力量，世界上的一切都是依靠希望来完成的：农民不会种下一粒种子，如果他不希望它能够长出果实；商人不会去进货，如果他不希望因此而获得丰厚的收益；年轻人也不会结婚，如果他们不希望自己的爱情开花结果……不错，我们每个人身上都存在这种力量，只不过有时候在不幸的事情发生之后，我们的思想喜欢钻进牛角尖，最后把自己推向绝望的边缘。对现实失望并不可怕，可怕的是绝望，因为它会将我们推向人生的死胡同，最后加速身体的死亡和思想的灭亡。

因此，在面对让我们倍感失望的不幸事件时，我们能做的是掌握好自己的情绪，我们不能控制人生的遭遇，预料事情的发展，预知生命的长短，预测天气的变化；但是我们却能够调整心情，把握现在，安排当下，筹划未来。只要我们还活着，我们的人生就还有无尽的可能，只要每天都给自己一个希望，给自己一个目标，给自己一点信心，给自己一点力量，当我们的人生过完时，我们就一定不会失望，因为我们的人生已经被每天不同的希望装点得绚丽多彩了。

Chapter 4

有**勇气** 才能有**运气**

勇气能带给我们很多东西，因为有了勇气我们就能获得前进的力量，降低人生的风险，得到成功的机会，注入成长的活力，而这一切都能改变我们的命运，让我们成为它真正的主人。

法则 34. 逃避不能解决任何问题

　　逃避是人类的本能，我们在遇到危险或者伤害时，身体会自动发出一个紧急预警的信号，这些信号告诉我们应该立即逃离，而我们的经验也告诉我们，这种做法是可以被认同的，至少暂时躲过了危险。不过当我们再次回过头来去看时，很可能会发现问题并没有任何好转，它给我们带来的麻烦更大了。

　　我们都知道鸵鸟有一个特点，就是当它们遇到危险时就会把自己的头埋在沙土中，以为这样就可以躲过灾难。这种行为在自诩为聪明的人类眼里是非常可笑的，因为我们知道这种掩耳盗铃的行为对它的处境一点帮助都没有。不过，也许我们并没有想过，我们自己其实每天都在做着类似掩耳盗铃的事情，像鸵鸟一样去逃避问题。

　　在我们小的时候，为了不去上学，我们就会对自己的父母说身体不舒服，比如肚子疼。我们不想上学唯一的方法就是生病，这样我们就能逃避讨厌的考试，或是逃避向我们要钱的校园恶霸。不过久而久之我们发现，我们真的生病了，连医生都能开出确切的诊断书。

　　我们的心理暗示让我们习惯性地去生病，即使到了真正必须要面临的考试时，它依然会自动跑出来，因为我们的身体已经习惯了靠生病来逃避考试，结果就在决定人生命运的大事上栽了跟头。

乔治一直是个自卑的小伙子，为了不让自己的信心受到伤害，每当别人说到让他感到不自在的事情时，他就会假装没听见，然后改变话题。这样他就不需要再去直接面对那些让他觉得不舒服的事情了。

这样做不过是把事情缓一缓，但问题依旧得不到妥善的解决，逃避只能让乔治变得越来越敏感、脆弱。

罗丝总是在说话时做一些分散自己注意力的事，从来都没有真正专心和别人谈话。有时她会漏掉老板的指示，因为她忙着玩计算机或翻阅杂志。而别人常常因为她不关心的态度而生气。

其实罗丝只是在逃避。

我们自己也会经常有这样的行为，在别人谈话时不看对方，以逃避自己的感觉或恐惧。当某件重要的事被提及时，眼睛就会在房间四处飘来飘去。这种逃避是因为我们觉得不安，同时也不想承担过多的责任。

曼妮刚开始参加同学聚会时，她觉得很不自在，而且很害怕改变。每次休息时间一到，她就到厕所去，虽然她并不是真的想上厕所，只是为了避免接近任何和她谈改变的人。

这种逃避的行为显然会把自己孤立起来，什么都不说只会让问题比原来的情况更为严重。如果我们没有完成自己该做的事，这样就没有人会知道。而这样一来，我们也因为缺少了监督机制，而使自己的目标常常成为空想和泡影。

安娜总是很生威廉的气，因为当她说"厨房很乱"时，她希望威廉了解她真正的意思，那就是："我需要帮忙。"威廉觉得很烦，因为他不知道安娜到底想要干什么，而安娜也觉得压力很大。

如果安娜直接要求威廉帮忙，她可能会获得他的协助。然而，这对夫妻陷在这种躲避球式的误会循环之中，几乎毁了两人的感情。

逃避这种间接的沟通方式虽然避免了将问题摆在台面上，但是却让问题变得复杂，最后也会因为别人的不理解而让对方生气，让自己失望。

你是否意识到自己也有上述的逃避行为？明知道逃避不是办法，可就是无法强迫自己去勇敢面对，这让你的内心十分痛苦。其实，面对并没有我们想象的那么难，我们必须时刻提醒自己，逃避永远不是解决问题的办法。如果无力完成我们还可以寻求帮助，朋友和家人是支持的来源，帮助我们度过困难的时光，帮助我们一起去解决问题。

气
顺
了
人
生
就
顺
了

法则 35. 敢于面对现状才能改变现状

如果想改变对自己不利的现状，我们首先要做的就是承认并接受事实，然后才有可能在理智的条件下去改变事实。当然，这样很难，因为我们面对的必然是我们不想看到的，对此我们需要莫大的勇气。但是无论如何我们必须这么做，唯有如此我们才会让情况好转起来。

不管我们现在面临的是困境还是危险，甚至是绝路，我们都不能选择视而不见。当事实已经摆在我们眼前，不去解决它就永远不会消失，甚至还会将灾难扩大。成功的人士之所以会成功，并不一定是他真的比你"能"，而是他确实比你"敢"。这种情况尤其表现在我们面临危险时，那些获得成功的人会更加快速地认清并接受事实，然后迅速调整情绪，作出精准的分析和判断，最后当机立断，在危险发生之前迅速将问题解决掉。

动物园里养着一条巨大的蟒蛇，它每天的食物是饲养员送来的一大盆肉。

一天，照顾蟒蛇的饲养员突发奇想，想要看看如果给大蟒蛇换换口味会怎样。于是，他将一只活鸡丢进了大蟒蛇的笼子，扔完就回家了。

第二天，当饲养员来看蟒蛇时，发现蟒蛇居然死了，而那只鸡却安然无恙。原来，这条巨大的蟒蛇竟然是被一只鸡活活啄死的。

在这只无辜的鸡被关进笼子之后，它觉得无路可躲了，反正也是一死，不如勇敢面对，跟蟒蛇搏斗自己还能有生存机会。

于是这只鸡奋力地啄向蟒蛇，并不停地啄蟒蛇的头，蟒蛇的眼睛都被它啄瞎啄烂了，根本没有了还手之力，没过多久就被这只鸡啄死了。最后，这只看似弱小的鸡活了下来，它战胜了比自己强大数十倍的蟒蛇，保住了性命。

这只鸡因为敢于面对灾难，于是激发了体内所有的潜能，拥有了强大的爆发力，结果战胜了强敌，改变了自己的命运。这就是勇气的力量，它能够使你成为超人，任何人或事都无法将你打倒。

相反，如果我们在现状面前畏首畏尾，恐怕就只能做被"蟒蛇"吃掉的"那只鸡"了。

当然，勇气给我们的不仅仅是"急中生智"的瞬间爆发力，在许多情况下还需要持续作用才能发挥功效。住在加拿大的丽莲·马德尔太太战胜

病魔的过程就是以上真理的最佳印证。

马德尔太太为人开朗乐观，她本来是一位普通的家庭主妇。有一天，当她外出驾车时不小心发生了车祸，车子翻进了一道深沟，马德尔太太的脊椎骨受了重伤。

但是，当时的X光照片上并没有看出她的脊椎骨已经折断，显示的不过是骨刺脱离了外面的附着物，导致了医生的误诊，他让马德尔太太至少卧床三个星期。当马德尔太太再来复查时，发现已经晚了，医生告诉她："非常抱歉夫人，你要做好心理准备，你的脊椎骨已经严重硬化，也许再过五年，你就完全不能动了。"

马德尔太太在回忆当时的情形时说："我一向是活泼开朗的，喜欢克服和挑战一切困难。但是这一次我确实被吓坏了，我觉得这个困难是我无法承受和克服的。我原本所拥有的勇气和乐观的态度，因为卧床的时间从三周向无限期延长而逐渐丧失。我的内心变得越来越恐惧，越来越软弱。

"为此我沮丧了很长时间，但是某一天的早上，我的神智变得非常清醒，既然如此那我也没别的办法，至少我还有五年的时间可以移动。对我来说五年的时间并不是很短，我还可以帮助我的家人做很多的事情。

"想到这里我开始盘算。是的，我还有很多事情要做，我会配合医生的治疗，如果我下定决心，也许我的情况是可以好转的。我并不想仗还没打就认输，我要尽快活动起来。

"然后，我的全身瞬间充满了决心和力量，我要立刻行动。软弱和恐惧一下子统统溜走了，我挣扎着走下了床……我的新生活也就此开始了。

"在之后的日子里，我只用两个字来激励自己，那就是'继续'，我不停地对自己说。直到五年后的一个上午，我再次照了X光，医生告诉我，我的脊椎骨即使再过五年也不会有任何问题……"

117

马德尔太太的故事又是一个因勇敢面对现状而改变现状的成功案例。但不同的是，她的勇敢持续的时间更长，这种持续与现状战斗的勇气更加值得我们去学习和拥有。

我们的人生会遇到各种各样的问题，它们可能是突发性的，也可能是蔓延式的，但是不管怎样，我们的态度必须是坚定的，我们需要先弄清楚自己的处境，然后冷静下来考虑解决问题的方法，这些当然需要莫大的勇气和信念作为支撑。

也许我们一开始并不容易做到，但是至少我们可以告诉自己别逃避，因为这是你解决问题改变现状的第一步。

气顺了人生就顺了

法则 36. 做第一个吃螃蟹的人

第一个吃螃蟹的人，不仅获得别人的尊重，而且第一个品尝到了人间美味，而这一美味恰恰代表了成功。

成功的人都知道，在没有人开发的领域进行挖掘，往往是最容易成功的。虽然那里风险可能很大，就像一个张牙舞爪的螃蟹，因为没有人吃过，所以大家都不知道这道美食的味道，也不敢轻易下手。而那个勇敢的人，正是抓住了这样的机会，因为他敢于尝试，敢于承担风险，所以才最先尝到了人间美味，而这个美味就是成功。

一位五十八岁的农产品推销员经常喜欢用不同品种的玉米做实验，希望能够用玉米制造出一种松脆的爆玉米花。经过不懈的努力，他终于培育出了一种理想的品种。他热情地去推销这种新型玉米，但是由于成本太高，人们都不敢承担风险进他的货。

这让他感到非常焦急，他对自己的合伙人说："我非常清楚，只要人们一尝到这种玉米做出的爆米花，就一定会争相购买的。"

"既然你有这么大的把握，那为什么不自己做出爆米花，然后亲自去销售呢？"合伙人提出自己的建议。

这个推销员非常清楚，万一他因此失败了，就会损失很多钱。他已经快六十岁了，自己大半生的积蓄来得并不容易，如果想投资的话就要动用一大部分，在他这个年龄，他真能冒这样的风险吗？

事实证明，他敢于冒这个风险，他决定做第一个吃螃蟹的人，去开发自己认为可以成功的项目。于是，他雇用了一家营销公司为他全新概念的爆米花设计了一个好听的名字和漂亮的形象。

不久之后，一种名为"美食家爆玉米花"的美味食品开始在美国各地销售，火热程度一直持续到今天。它的创始人奥维尔·瑞登巴克为此几乎赌上了全部的财产，但是他成功了，因为他得到了自己想要的东西，他也证明了自己的想法是正确的。在这个未开发的领域，他树立起自己的品牌，具有世界的影响力，成为几十年不倒的知名企业。

第一口的螃蟹总是不那么容易吃到的，但是如果能成为第一个吃螃蟹的人，那么必将让我们轻松占有别人未曾开发过的资源。尽管没有人涉足的领域风险很大，但是这块未开发的领域给我们的回报必然也是最大的。

而且作为第一个吃螃蟹的人，必然会在这个领域树立起一个不需要打广告的品牌，即使再有其他人进入，也不可能动摇 "第一"的位置。这本身就是一种品牌效应，带来的收益是那些成熟的领域所无法企及的。

当然，"第一个"这种事情是可遇不可求的，想要找到一个新领域大展身手，似乎已经不是那么容易的事情了。但是我们依然可以勇敢地在已知的领域中各出奇招，剑走偏锋，也许一样会有斩获，这同样需要非凡的眼力和大胆的魄力。

世界闻名的牛仔服大王利瓦伊·施特劳斯就是一个善于发现和运用奇招的人。当年十七岁的利瓦伊离开家乡德国，到纽约投靠开布店的哥哥，在这里他对布料有了一定的认识。

三年以后也就是 1850 年，美国西部出现了淘金热，当时二十岁的利瓦伊也加入了这股热浪之中。

然而，当利瓦伊只身来到旧金山以后，却发现这里有成千上万的淘金者，他觉得有这么多的淘金者，自己即使挖到金子也不可能分到多少，于是改变了淘金的初衷，决定另辟发财之路。他先是开设了一家销售日用百货的小商店，并制作野营用的帐篷、马车篷用的帆布。利瓦伊认为淘金固然能发大财，但为那么多人提供生活用品也是一桩能赚到钱的好生意。

利瓦伊并没有意识到，幸运之神正在一步步向自己靠近。有一天，利瓦伊正扛着一捆帆布往回走，一位淘金工人拦住他说："朋友，你能不能用这种帆布做一条裤子卖给我？我整天和泥水打交道，普通的裤子不经穿，只有帆布做的裤子才结实耐磨。"

利瓦伊听后灵机一动，一条生财之道马上闪现在他的头脑中。于是，他立即将那位淘金工人带入一家裁缝店，按他的要求做了两条裤子。这就是世界上最早的牛仔裤。

由于牛仔裤结实耐磨，很快就成为淘金工人的热门货。

成功在这些人身上看起来很容易，无论是爆米花还是牛仔裤，好像都只是灵光一闪的念头，但是我们有没有发现，真正要走出那一步究竟需要多大的勇气和决心？

这些成功的人希望改变自己的生活，他们愿意用智慧和勤劳的双手去创造成功，而这种品质往往是平庸的人无法拥有的。

我们有没有对自己进行一下反省，我们的生活状态之所以长时间没有改善，是不是因为我们甘愿活在自以为安逸的小世界里不肯走出来？

对于生活我们采取的是故步自封的姿态，这样生活自然不会有好运自动找上门。要想生命出现转机，唯一的办法就是走出去。不要害怕去接受一个全新的世界，因为世界越新机遇就越多，勇敢地去尝试那些别人不敢做的事（当然一定是合理合法的），一定会从中取得意想不到的收获。

法则 37. 勇敢面对才能争得机会

坐等幸运女神光顾的人，往往永远也看不到她的真正面容。因为任何不劳而获的想法都会被她嗤之以鼻。只有那些肯为成功付出努力，并且主动去敲机遇之门的人，才能拥有她的眷顾。

很多人习惯了去羡慕别人的成功，抱怨现实的不公，认为生活抛弃了我们，让我们一直在失败和平庸中受煎熬。事实究竟是怎样的呢？到底是生活没有给你机会，还是你根本没有想过要去争取机会呢？大部分的情况应该是后者才对，因为我们的思想过于懒散，我们的心灵过于脆弱，我们懒得去争取，害怕去面对，最后当然什么都不可能得到。

机会时刻存在于我们的周围，只要你肯伸出手就会抓住机会。然而，有许多人只是等待机会的来临，却从不主动去抓住它。正如拿破仑·希尔所说："聪明人会抓住每一次机会，更聪明的人会不断创造新的机会。"

如果我们想改变自己的现状，那么我们就必须抓住机会去改造它，就算暂时没有机会，我们也要勇敢地去制造机会。

从史特龙懂事开始，他就知道自己的父亲是个赌徒，父亲输了钱就回家打骂母亲和他；而他的母亲也好不到哪儿去，她是个酒鬼，喝醉后同样也是拿他来出气。

史特龙就是在这样的家庭环境中慢慢长大的，当他读到高中时便辍学开始在街头鬼混。但是他渐渐发现这种日子简直太无聊了，而那些从他身边经过的绅士和淑女们的蔑视目光更是让他觉得无地自容。他经常问自己，难道自己就要这样一辈子在别人的白眼中度过吗？难道他要继续走父母的路，让自己成为一个赌徒或者酒鬼，然后浑浑噩噩地度过此生吗？

答案是否定的，他决定改变。

但是作为一个社会下层的小混混，是不可能有什么好机会等着自己的。他没有经商的资本，不具备从政的条件，更没有进入大企业发展的学历和能力，现实没有给他任何机遇，摆在眼前的只有一座座看似不可逾越的大山。

但是他并不想就此打消改变的念头。最后他发现当演员是一条不错的出路，至少这一行在当时的美国不需要学历和什么资本。虽然他看上去相貌平平，也没有什么专长，更没有什么天赋，甚至连基本的表演训练都没有过。但是，史特龙不管那么多，他已经认定了这条道路，就算是自己不符合条件，创造条件也要试一试。

于是，史特龙来到了好莱坞，开始了他的"演员"生涯。他放下面子找明星、导演和制片，几乎找了一切可能让他成为演员的人，请求他们："请给我一个机会，我一定会演好的！"

但是非常不幸，史特龙一次次地被拒绝了，然而他一点都不气馁。每经历一次失败，他都认真反省，然后再次出发，鼓起勇气去寻找下一个机会……在两年的时间里，他遭受了一千多次的拒绝。

面对这样沉重的打击，他也曾不断问自己，是不是自己真的那么差劲，只能延续父母的路做一个赌徒和酒鬼？但是这显然不是他要的答案。

他整理思绪后决定重新尝试，他想到自己既然争取不到好的角色，可以先试着写剧本。在好莱坞已经摸爬滚打两年的史特龙，累积了不少的经验，每一次的拒绝对他来说都成了一次学习和进步的机会，所以受到耳濡目染的史特龙大胆地动笔了。

一年之后，他的剧本写好了，他拿着自己的剧本再一次走访各位导演："请你看一下这个剧本，如果你觉得还不错，能不能让我来做里面的主角？"

导演们看了他的剧本，觉得还不错，但是如果让他做主角就实在太可笑了。当时的史特龙不仅是个无名之辈，而且外形条件根本不适合当主角，所以他又一次遭到了拒绝。

就在史特龙遭到一千三百多次拒绝之后，一位曾经拒绝过他二十多次的导演终于心软了，他对史特龙说："虽然我不确定你是不是能演好，可是你的精神令我十分感动，所以我决定给你一次机会。我会将你的剧本改编成电视剧，让你做男主角，但是我们先只拍一集，先拿到电视台播出看看观众反应再说。如果大家的反应不好，你就从此断了当演员的念头吧。"

史特龙一口答应，他为了这个机会已经争取了三年，自然不会让它溜走。这么宝贵的机会，他当然会全力以赴，他要将自己三年来全部的学习所得和真挚情感融入其中。

结果他成功了，幸运女神开始对他点头微笑，他那仅一集的电视剧创下了当时全美国最高的收视率。而这也正是他人生重大的转折点，在后来的日子里，我们所熟知的史特龙横空出世，成为享誉世界的顶尖电影明星。

史特龙的成功跟他的勇敢是分不开的，虽然我们很清楚客观环境对一个人成长的重要性，但是史特龙却靠着自己的勇气脱离了本来决定自己命运的恶劣环境。

他勇敢地面对生活，在一次一次的失败中仍不懈地去敲每一个可能对自己有帮助的人的大门，他不害怕自己受到冷遇和白眼，因为他知道自己成功的机会就在里面，为了得到这个机会他必须承受这些。而事实也证明，他的勇敢真的帮了他，让他争取到了让自己发光的机会，从而造就了一代巨星的辉煌。

我们的境遇难道会比史特龙更加糟糕吗？大部分人都不是的，只不过我们没有史特龙那种面对困难争取机会的勇气。

气顺了人生就顺了

如果我们可以将心态调整到史特龙的"频道",相信在不久的将来，幸运女神同样也会对我们微笑，因为只要我们一直不停地去敲她的门，她总有来开门的时候。

法则 38. 不服输才不会输

屡战屡败和屡败屡战是两个不同的概念，一个是在泄气，一个是在提气。我们只要不服输，无论经历什么样的失败和打击，终有获得最后胜利的那一天。

人想要在社会中获得成功，首要必须具备的是不服输的品格。人生的胜利不在于一时的得失，而在于谁是最后的赢家。只有心存希望，才会为下一次的成功积蓄信心和力量，从而成为最终的赢家。我们常说胜败乃兵家常事，对于一时的失败不必太在意，只有经得起挫折的人，才能扛得起成功。

曼德拉出身于南非腾布族的贵族家庭，他的父亲是腾布族大酋长的首席顾问，如果曼德拉听从命运或家庭的安排，他的人生也许是一帆风顺的。因为他的父亲和大酋长对从小就非常聪明的曼德拉非常器重，想将他培养成下一任的酋长。

但是，当酋长可不是曼德拉的梦想，他的理想是成为一名律师。当他得知自己已经被当做酋长接班人来培养时，二十二岁的曼德拉断然拒绝并且逃离了他的部族。因为他早已下定决心，绝不做统治压迫人民的事情，而酋长们的一贯作风显然是跟自己的愿望背道而驰的。

当时的曼德拉一路逃到了约翰内斯堡，开始了新的生活。在这个城市，他大开了眼界，亲眼目睹了白人和黑人天差地别的生活对照。那些悠闲的白人居住在开阔美丽的市郊，居住地到处都是繁华兴盛的景象，可是当地的非洲黑人却被限制在许多城市贫民窟以及周围的郊区土著人乡镇，那里的居住条件非常差，不仅人多拥挤，而且经常受到警察的突击抄查，生活相当窘迫。

黑人残酷的生活环境以及那种被曼德拉称为"疯狂的政策"的种族隔离制度，让曼德拉决心踏上一条终生为黑人的解放而斗争的征程。他参加了"青年联盟"，领导南非的全国蔑视种族隔离制度运动，组织黑人对白人进行的各种斗争，这样的社会现实让曼德拉的政治态度开始改变。

在1952年，曼德拉由于领导了全国蔑视种族隔离制度运动而被当成政治犯被捕入狱。但这并没有让他的斗争精神有任何削减，获释后他继续投入到斗争中。

在随后的日子里，曼德拉因为带领南非人民斗争曾多次被捕，经常遭到南非当局的通缉。因为斗争使曼德拉妻离子散，很多年都没能与妻子、女儿团聚，而他的妻子也受他的连累多次被捕。

1962年，曼德拉更是因莫须有的叛国罪被南非当局判为终身监禁。面对长时间的监禁，曼德拉依然没有服输。他说："在监狱中受煎熬与监狱外相比算不了什么。我们的人民正在监狱外受难，我们必须斗争。"

因为这种信念的支撑，曼德拉并没有妥协，更没有退缩。他在狱中坚持斗争，并且拒绝了南非当局开出的"只要放弃斗争就给他自由"的释放条件。他对政府人员说："我的自由是和非洲人的自由在一起的。"

因为不服输的个性让曼德拉在这次的监禁中一直被囚禁了二十八年。一个人的一生能有多少个二十八年呢？曼德拉将他人生中最有价值和生命力的二十八年留在了监狱当中。对此曼德拉并不后悔，他对争取自由理想的追求矢志不渝。

最后的事实表明，他终于胜利了，他被无条件释放，并且成为南非历史上第一个黑人总统。而这一切都是因为他斗志坚定的不服输个性造就的。

　　而他放弃原本大好的前途，将南非黑人的民族解放斗争当做终生的事业，这种无限的忠诚给了他奋斗的勇气，也使他以顽强的意志力和非凡的个人魅力成为南非黑人民族解放的象征，成为非洲解放的重要标志，受到全世界的瞩目和尊敬。

　　也许我们的人生不会像曼德拉那样复杂和具有传奇性，但是无可否认在我们的一生中总会碰到各式各样的艰难险阻，困难或不幸本身并不重要，重要的是在这些困难和不幸面前，你选择以什么样的心态去迎接它们。

　　如果放弃了，那就真的输了。如果拥有不服输的韧性，这些挫折也只不过是历练你坚强个性的必经之路。困难或许可以将暂时击倒，但只要有一颗不服输的心，再大的困难也无法将你打败。

　　无论成功或失败，一切都取决于自己。取得成功的要素不在于外在因素，而在于自身实现目标的信心和不服输的坚定信念。只要信念不倒，我们就可以重新站起来。拿破仑说过："人生的光荣不在于永不失败，而在于能够屡败屡战。"

　　成功的人并不是那些从未被击倒过的人，而是在屡次被击倒之后依然能够不断积极地向成功之路迈进的人。

　　有时候，困难不但不能阻碍我们的前进，相反它可以成为我们更快进步的助跑器。不要在那扇已经关闭的门前哀叹，而是应该以永不服输的精神，去寻找上帝开启的那扇窗。

法则 39. 挫折是你成长的阶梯

坎坷和失败对于一个人的成长来说是一件好事。孟子说过："天将降大任于斯人也，必先苦其心志，劳其筋骨，饿其体肤，空乏其身，行拂乱其所为，所以动心忍性，增益其所不能。"这并不是什么冠冕堂皇的大道理，而是一种对人生切实的感悟。

挫折从来都不讨人喜欢，但是却是我们成长的阶梯。挫折带给庸人的是苦难，给杰出者带来的却是最宝贵的财富。因为它就像是一条恶犬一样，总是不经意地向我们扑过来，如果我们选择畏惧和躲避，这条"势利"的狗就会凶残地咬着我们不放。

但如果我们面对它直起脊梁，朝它挥舞拳头大声吆喝，它就会夹着尾巴逃走。

格连·康宁罕是美国体育运动史上一名伟大的长跑运动员，他的光辉成就被载入史册，留在了美国人的记忆中。而这位伟大的运动员却是在挫折当中成长起来的。

一场爆炸事故给年仅八岁的康宁罕带来了巨大的痛苦，他的双腿严重受伤，两条腿上连一块完整的肌肉都没有。医生甚至断言，他今生再也无法行走，对还是个孩子的康宁罕来说，这种打击简直是太残忍了。但小小年纪的他面对如此重大的挫折并没有掉一滴眼泪，而是大声对着自己的父母宣誓："我一定会站起来的！"

在这种信念的支撑下，康宁罕在手术之后的两个月便开始自己尝试下床走动。为了不让父母看到自己的样子而难过，他总是背着父母偷偷地练习走路。虽然疼痛一次次将他击倒，但是在他的意识里从来都没有放弃的念头，即使摔得遍体鳞伤也毫不在乎，因为他一直坚信自己还可以站起来，可以走路，可以奔跑。

坚持了两个月之后，康宁罕的腿慢慢可以伸屈自如了，这个成就让他无比兴奋，他想起自己家两英里外的一个小湖泊，那是他经常和小伙伴们玩耍的地方。他向往再一次回到那里，跟伙伴们一起在碧蓝的湖水里游泳嬉戏。为了实现这个目标，康宁罕站起来奔跑的决心更加强烈了。

两年后，他终于实现了这个目标，可以自己走到小湖边了。但这还并不是最终目标，这个被医生断定会残废的孩子开始练习跑步，他每天追着农场上的牛马跑。

数年如一日地坚持，让他的双腿奇迹般地强壮起来。他不仅能跑能跳，还成为美国历史上非常著名的长跑运动员。童年的挫折不仅没有成为毁掉他一生的磨难，反而成为成就他辉煌的契机，命运说到底还是公平的。

挫折有时候并没有那么可怕，我们害怕的其实不是挫折本身，而是挫折带给我们的变化。我们不适应那种无所适从的感觉，所以我们排斥、痛哭、难过，这当然不会给事情有任何的帮助。但是如果我们选择勇敢地去面对并征服它，我们的人生境界就会立刻变得不一样。而且，如果我们的人生太顺利了，对我们的成长并没有好处。挫折和失败在人生当中总是难免的，出现得越早我们的内心才能在抗击它的过程中变得越坚固，也才能让以后的人生走得更坚定。

有一个小男孩在草地上玩耍时发现了一个蝶蛹，他觉得很好玩，就把它带回了家。妈妈告诉他，过几天这只蛹里就会钻出一只美丽的蝴蝶，于是孩子热切地等待着。

几天以后，小男孩发现蝶蛹上出现了一条小裂缝，他看到缝里的蝴蝶在挣扎，一只美丽的蝴蝶就要诞生了，这让他很兴奋。

可是，几个小时以后，他盼望的事情仍然没有发生，蝴蝶依然在里面挣扎着，它的身体好像被卡住了，一直钻不出来。孩子很想帮这只可怜的蝴蝶一下，因为它看起来好像越来越虚弱了，他真怕蝴蝶还没出来就闷死在里面。

于是，小男孩拿来一把剪刀，非常小心地剪开厚厚的蝶蛹，蝴蝶终于出来了。但是这只蝴蝶并不像妈妈说的那样美丽，它翅膀干瘪，身躯臃肿，根本就飞不起来，而且没有多久就死去了。

这让小男孩很伤心，他跑去问妈妈这是为什么，妈妈告诉他，是他帮了倒忙，他用剪刀剪开蝶蛹让蝴蝶失去了成长的机会。

因为蝴蝶的成长必须在蛹中经过痛苦的挣扎，直到它的双翅强壮了，才会破蛹而出，展翅飞翔。

挫折就是这样一种东西，它能让强者更强大，弱者更懦弱。唯有那些能成功摆脱它的人，才懂得是挫折让自己成长。因为成长本身就是一个痛苦的过程，我们需要经历各种各样的痛苦、挫折、磨炼，才能脱颖而出。

吃苦贵在先，这是一种人生的领悟，我们不应该害怕生活中的苦，因为能吃苦才能承受得起甜。

所以，人越是在年轻时越是不能害怕挫折与历练，因为那是让我们成长的阶梯，它让我们的翅膀变得坚强，让我们拥有展翅高飞的力量。如果我们可以在还很年轻的时候就将所有的挫败感用完时，那么在以后的人生当中，失败和挫折也就不能再奈何我们了。

彩虹总是在风雨过后才会出现，而只有能够经受住风雨洗礼的人，才可能看到它的美丽。

法则 40. 自我欣赏给你前进的力量

懂得欣赏自己、善待自己的人无疑是睿智的，只有爱自己才会发现自身的闪亮之处，才能从内心深处给自己以无限的期盼，才能让自己的人生变得美丽。你是自己唯一的主人，你想成为什么样的人，你就能成为什么样的人。每个人都会朝着自己心理暗示的那个方向去塑造自我，如果你想成为自己满意的人，那么请先学会自我欣赏吧！

每个人都希望能得到别人的尊重和爱，我们生活在这个世界上有绝大部分时间是为了得到别人的认可而努力奋斗的，尤其是我们的亲人、朋友、伴侣。我们希望我们爱的人为我们骄傲，希望所有看到我们的人敬佩我们的才能，艳羡我们的成功。

可是人们也经常有这样的烦恼，其实在我们的周围并没有太多的人真正注意我们。有时候，我们觉得自己被忽略了，我们的努力和付出没有得到认可，这让我们感到灰心失望。或者还有另外一种可能，就是我们觉得自己太糟糕了，害怕别人看到自己不堪的一面，于是一边努力掩饰，一边因为过于紧张而继续犯错。

也许我们并没有意识到以上种种都只是我们取悦别人的表现，我们希望别人看到的是最好的自己，而不好的那一面一定要被掩藏起来。我们希望自己在别人眼里是完美的，或者至少应该是他们所喜欢和欣赏的，我们

气顺了人生就顺了

132

需要他们的夸赞才能走得更远，才更有动力去取得成功。这无疑是一种有些病态的心理，我们是自己唯一的主人，但是却在为别人而活。

如果我们得不到别人的欣赏和认可，我们又该如何自处呢？是不是要经常生活在自责当中，然后在自怜自艾中痛苦煎熬呢？这当然不行，如此下去非郁闷死不可。所以，如果没有人欣赏你，那么请学会自我欣赏，就像玛约·宾奇在《没有人注意我》中所写的那样：

我比拿破仑高一英尺，我的体重是名模特儿威格的两倍。我唯一一次去美容院的时候，美容师说我的脸对她来说是一个难题。然而我并不因那种以貌取人的社会陋习而烦忧不已，我依然十分快乐、自信、坦然。

......

我还记得我第一次跳舞时的悲伤心情。舞会对一个女孩子来说总是意味着一个美妙而光彩夺目的场合，起码那些不值一读的杂志里是这么说的。那时假钻石耳环非常时髦，当时我为准备那个盛大的舞会，练习跳舞的时候总是戴着它，以致我疼痛难忍而不得不在耳朵上贴了膏药。也许是由于膏药，舞会上没有人和我跳舞，然而不管是什么原因，我在那里坐了整整4小时43分钟。当我回到家里，我告诉父母亲我玩得非常痛快，跳舞跳得脚都疼了。他们听到我舞会上的成功都很高兴，欢欢喜喜地去睡觉了。我走进自己的卧室，撕下了贴在耳朵上的膏药，伤心地哭了一整夜。夜里我总是想象着，在一百个家庭里，孩子们正在告诉他们的家长：没有一个人和我跳舞。

有一天，我独自坐在公园里，心里担忧如果我的朋友从这儿走过，在他们眼里我一个人坐在这儿是不是有些愚蠢。当我开始读一段法国散文时，我读到有一行写到了一个总是忘了现在而幻想未来的女人，我不也像她一样吗？显然，这个女人把她绝大部分时间花在试图给人留下印象上面了，而很少时间她是在过自己的生活。在这一瞬间，我意识到我整整二十年光阴就像是花在一个无意义的赛跑上。我所做的一点都没有作用，因为没有人在注意我。

现在我知道了下一回当我走进一家商店，一位营业员翘起她的嘴说"你的号码，夫人？我想我们这里绝没有你要的号码。"时仅仅是说店里的存货不充足，这样无形中我心里好像去掉了一个重负，我觉得自己比以往任何时候都轻松，更自由。

席慕容说："人的一生应该为自己而活，应该学着喜欢自己，应该不要太在意别人怎么看我，或者别人怎么想我。"

其实，别人如何衡量你也全在于你自己如何衡量你自己。

快乐不是靠别人给的，就算没有人仰慕，我们还是要生活下去，不是吗？所以为了让自己像玛约·宾奇那样生活得更加自由和轻松，就请学会欣赏自己吧。

当然，欣赏带给人的不仅仅是放松和自由，还是在自我欣赏之后产生的一种积极向上的情绪和动力，可以让我们在不被认可的情况下依然可以靠自我鼓励继续创造属于自己的美好生活。

一个女作家曾经讲述过这样一个故事，这是她在一个德语学习课上遇到的。她跟她同班的一位女同学做了这样一个引人注目的自我介绍，她说："大家好，我是来自塞尔维亚的玛莉亚。我的父母在1999年的科索沃战争中，双双被炸弹击中身亡。在我婚后的第十年，我深爱的丈夫对我说，'玛莉亚，你煮的咖啡非常难喝。'然后他便跟一个法国女人走了。当时，塞尔维亚的经济很不景气，于是我失业了。我对上帝说'上帝啊，这个女人变得一无所有了'，上帝却说'悲观的女人才会变得一无所有'。于是，我来到慕尼黑，准备新的生活。我在一家咖啡店找到了工作，因为我煮的咖啡简直棒极了，我爱死我自己了！"

我爱死我自己了！一句简单得不能再简单的话语，你对自己说过吗？

气顺了人生就顺了

埃默森说：一个人的样子就是他整天所想的那些。

你想什么，你就是怎样的一个人。这是自我暗示的强大力量，从这个层面上讲，心想事成并不是一件可望而不可即的事情。如果我们想要好的结果，那么请给自己充满自信的美好期待。你相信事情会顺利进行，事情一定会顺利进行；你相信自己是美好的，那么你就是美好的。你需要的正是心底的这份自信，它会指引你变成期待的那个自己。正因为你爱自己，你的生命才会珍爱你。

法则 41．承认错误是勇敢者的表现

承认错误是勇敢者的一种表现，而且最终的受益者永远都是我们自己。我们因此卸下了心头的包袱，不再饱受良心的煎熬，同时还拿回了事情的主导权。所以，如果我们真的做错了，为了我们自己就勇敢地承认吧！

承认错误的确是一件很难的事情，它需要莫大的勇气去突破自己的心理障碍。因为承认自己的错误无疑是对自己的一种否定，等于说自己当初的判断是愚蠢的，同时我们还要为此承担善后的责任以及他人的责备。因此，虽然对待错误几乎每个人都知道应该认错，为错误承担责任，然而真正犯了错，很多人的做法却是推卸责任，不停地找借口。

我们以为只要自己死不承认或者抵死狡辩，别人就不能把自己怎么样，这样做当然不能解决任何问题，而且会使我们陷入各种各样的困境，这些困境正是我们自己的固执、自私以及怯懦造成的。而这种死不认账的结果只会遭到他人的反感和厌恶。

1986 年底，记者曝光了"伊朗门事件"，媒体揭露了美国总统里根曾经秘密向伊朗伊斯兰教什叶派领袖霍梅尼出售武器。里根做出的第一反应便是竭力遮掩，直到再也遮掩不住，他又开始推卸责任，先是推到他的国家安全助理头上，接着又推到白宫办公厅主任唐纳德·T·里甘头上。里根

的做法导致他在数月中惨遭媒体围攻，并被国会调查。

四个月之后，在民意调查中他的支持率降低二十个百分点，无奈之下他才选择了承担责任，承认错误。

与里根不同，美国总统布什虽然频频犯错，但在国内仍然颇受欢迎，而其关键就是，他敢于承认自己的错误。

许多人即便知道除了承认错误就别无选择，却还是不肯认错，除非事情已经完全没有了转圜、狡辩的余地，里根总统就是如此。但是他并不明白人们为什么无法原谅不认错的人，因为不认错意味着虚伪、死不悔改、没有担当。

当然，也许有很多人之所以不敢承认错误，是因害怕受到他人过多的责难。事实上，这种担忧是完全没有必要的。人们往往不会苛求敢于承认错误的人，对认错的人，人们会宽宏得多，而且大家都会觉得在一开始就承认自己的错误的人是诚实可信的。人们可以原谅犯错的人，毕竟这个世

界上谁也不是圣人，犯错是难免的。主动认错是做人应该具备的品质，也是负责任的态度，更是获得他人认可和尊敬的前提条件。

卡内基住在纽约市中心，离家不远的地方就有一片森林，这让卡内基可以经常去那里遛狗。因为森林里几乎没有其他人，卡内基就没有按照规定给他的狗戴上口套和皮带。

有一次，一位骑警看到了，他严厉地指责了卡内基。卡内基解释说："这里并没有什么人，所以才没有给狗戴口套和皮带。"但立刻换来了骑警更加严厉的指责："你虽然觉得不戴口套和皮带没有什么影响，但你违反了法律。要等到你的狗咬死了松鼠，咬伤孩子你才会意识到问题的严重性吗？请你遵守法律，给你的狗戴上口套和皮带，否则我会请求法官惩罚你。"

后来，卡内基每次都按照规定给狗戴上口套和皮带才带它去森林散步。只有一次，卡内基忘记给狗戴口套和皮带，偏巧又碰见了那位骑警。

当骑警叫住卡内基的时候，卡内基心中暗叫："糟了！惨了！"他没等骑警开口，就赶紧说道："警官先生，这次您又当场逮到了我。我错了，我错了！是我不好，我没有给狗戴口套和皮带，这次我没有托辞，没有借口了。我知道我违反了法律，请你按照规定处罚我吧！"

然而，如此严厉的骑警却没有在卡内基屡教不改的情况下，像上次一样严厉斥责，反而很理解地说道："我理解，在如此人迹罕至的地方，这样带着狗散步，的确是一件非常惬意的事情。但下次要注意！"说完，骑警就走了。

真是令人难以置信，一个如此严厉的警察居然能如此轻易地就谅解了屡次违反法令的卡内基。然而，我们应该试想一下，如果卡内基没有主动承认错误，表示愿意承担后果，而是试图为自己的行为辩解的话，骑警还会如此轻易地谅解他吗？其结果恐怕卡内基真的要去见法官了。所以，如果我们犯了错，就应该承认错误，这不仅是一种勇气，更是一种做人的智慧。

一个敢于认错的人，可以得到他人的谅解以及周围人的尊重，因为这样做是为自己树立了勇于承担责任的形象，而且当你主动承认错误时，就已经避免了别人拿你的错误进行攻击。

如卡内基所言：承认自己也许会弄错就能避免争论，而且可以使对方跟你一样宽宏大度，承认他也可能有错。

另外，承认错误对于自身而言也是非常有好处的，它为你提供了磨炼自己面对错误的勇气和解决错误的能力，是一个绝佳的学习机会。无论如何，承认错误比掩饰错误和自我狡辩容易得多，我们为什么一定要选择一条难走的路来难为自己呢？

法则 42. 坚持需要毅力，更需要勇气

在人生的道路上，始终牢记自己的理想，不因难以实现而放弃它，不因备受失败的打击而抛弃它。这并不是一件容易的事，因为现实总能轻易地将我们的努力抹杀掉。而我们屡次遭遇失败，仍能毫不犹豫地努力向前，更需要一种勇气。

很多人的人生是这样的：小的时候想当科学家，再长大一点想当老师，再后来工作了想当个有钱的大老板，再后来不知怎么的就没有理想了……这些人当中天资聪颖的有很多，但真正成功的人却很少。究其原因，很大程度上是因为不能坚持自己的理想，或者放弃了自己的理想。而那些能够对理想不抛弃、不放弃的人，即使没有那样聪颖的天资，甚至可能存在某方面的缺陷，也终有一日会梦想成真。

世界第一位女性打击乐独奏家是剑桥郡的伊夫林·格兰妮。她就是一个对自己的理想无比坚定的人，而她也因此获得了巨大的成就。

伊夫林·格兰妮出生在苏格兰东北部的一个农场，喜爱音乐的她，从八岁时就开始练习钢琴，并显露出在音乐方面特殊的天赋。随着年龄的增长，她对音乐的痴爱与日俱增，并决定选择音乐作为自己一生永恒不变的追求。她立志成为一名出色的打击乐独奏家，虽然在当时这类音乐家还没

有出现。

但是，她却不幸失聪了。然而，这并不能阻碍她对音乐的热情。为了演奏，她尝试着用不同的方法"聆听"其他人演奏的音乐。例如，她只穿着长袜演奏，这样她就能通过身体和想象感觉到每个音符的振动，她几乎用自己所有的感官去感受她的整个声音世界。在从事音乐的道路上，她决定"一意孤行"，决心成为一名音乐家，而不是一名耳聋的音乐家，为此她向伦敦著名的皇家音乐学院提出了申请。

幸运的是虽然学院以前从来没有一个耳聋的人提出学习音乐的申请，但是她的演奏征服了所有的老师，从而顺利地入学了，并在毕业时荣获了学院的最高荣誉奖。而且她为打击乐独奏谱写和改编了很多乐章，成为第一位专职的打击乐独奏家。

伊夫林·格兰妮在一开始就下定了决心，不会仅仅由于医生的诊断而放弃对音乐的追求，她相信自己能够在这条路上走得更远，而事实也证明她做到了，并且非常优秀。路要靠自己走，倘若伊夫林·格兰妮在患病后就放弃自己的理想，她完全可以说"我已经与音乐绝缘了"，但是她却并没有把重病当作放弃理想的借口，而是依然朝着理想迈进。

伊夫林·格兰妮是值得人们尊敬的，她所获得的成功也是理所当然的。她真正做到了对理想的坚持，即使在理想要"抛弃"她的时候，她仍然用自己的毅力去克服一切困难来完成它。就像巴甫洛夫说的那样："如果我坚持什么，就算是用炮也不能打倒我，而我终将获得成功！"

但凡成功的人，除了个人能力之外，拥有的正是这份坚持下去的毅力。而毅力的背后，需要的更是一种勇气，因为成功的路很长很远，且充满艰险，除非是一个勇敢的人，否则是无法在经历那么多的挫折后依然能奋勇向前的。

莎莉·拉斐尔是美国一家电台的广播员，在她的三十年职业生涯中，曾遭到十八次辞退，然而每次被辞之后，她依然对自己广播员的理想坚定不移，而且会放眼更高处，为自己确立更远大的目标。

在一开始的时候，美国几乎所有无线电台都认为女性播音员是不能吸引听众的，所以当时没有一家电台肯雇用莎莉。但莎莉并没有气馁，为此她搬家到了波多黎各，并且开始苦练西班牙语，终于在电台获得了一个职位。她为此付出了很多，有一次甚至自己付旅费飞到事发地去进行报导。

尽管如此努力，她还是被辞退了，那家纽约的电台说她跟不上时代，结果她为此失业了一年多。而在随后的职业生涯中，她不断地遭到辞退，但是又不断地重新进入角色，直到她成功的那一天。

当时莎莉想向一位国家广播公司电台职员推销她的清谈节目构想，虽然听过这个构想的人都非常喜欢，但是却并没有帮莎莉将她的想法变成现实。莎莉一直都不放弃，直至第三个听过她构想的人答应为止，但是对方也提出了条件，那就是让她将其作为政治节目来主持。

对此，莎莉有些担心："我对政治知道的并不多，恐怕很难成功。"但是她的丈夫热情地鼓励她去尝试一下。正是在那一次，莎莉终于尝到成功的滋味。那是1982年的夏天，莎莉的节目终于开播。当时的她已经有了多年的广播经验，对此早已驾轻就熟。尽管她不懂政治，但是她利用自己善于播音的长处和平易近人的作风，大谈当时的美国国庆对自己有怎样的意义，同时邀请听众打电话到现场来畅谈他们的感受。

听众立刻对这个新颖的节目形式产生了兴趣，莎莉因此一举成名，她的成功也为电台节目开创了一个全新的形式。

后来，莎莉·拉斐尔成为自己电视节目的主持人，她曾数次获奖，在美国、加拿大和英国拥有数以百万计的观众。对于自己的成功，莎莉说："我遭人辞退了十八次，本来大有可能被这些遭遇所吓退，做不成我想做的事情了，但是结果相反，它们鞭策我勇往直前。"

每一个成功的人都知道，有抉择就会有风险。莎莉是一个勇于承担风

气顺了人生就顺了

险的人，所以她才将自己成功道路上的一切风险都承担了下来，始终坚持自己的理想，最终获得骄人的成绩。其实仅仅是她的这份毅力和勇气就已经足够让人敬佩了，试问你如果遭人辞退十八次，还有坚持下去的勇气吗？如果你的回答是肯定的，那么恭喜你，你离成功已经不远了。

法则 43. 敢于冒险才能降低风险

有句话说：越危险的地方就越安全。

危险与安全似乎是两个完全对立的个体，但是在很多时候，往往只有那些敢于冒险的人，才能将面临的风险降到最低。

在这个世界上没有任何事情是万无一失、永远保险的，如果我们害怕面对风险而止步不前，只会将自己推入一个更加被动的境地，因为不肯冒任何风险的人往往面临更大的风险。在经济学中有一个名词叫做"沉没成本"，说的就是用"冒险"来降低风险的故事。

通往渑池的路只有一条，而且非常窄，是单行道。

一天，一辆载满瓦瓮的车因为不小心陷进了泥坑，堵塞了交通。瓦瓮的主人尝试着努力把车推出来，但由于旁边就是悬崖，而且又恰逢雨季路很滑，因此没有成功。随着时间的一点一点地流逝，后面等着的车辆和行人也越来越多。糟糕的是天色渐渐暗了下来，眼看就要下雨了。而所有的车辆都堵在悬崖边上，一旦天黑，所有来往的车辆都将面临极大的危险。

正在众人焦急的时刻，一位叫刘颇的盐商从队伍的后面扬鞭而至，看到瓦瓮的主人仍然在努力地推车，车却在泥坑里越陷越深。

气顺了人生就顺了

144

刘颇开口问道："你车上载的瓦瓮一共值多少钱？"

主人回答说："七八千钱。"

刘颇立即从怀里掏出钱袋，付给瓦瓮的主人八千钱说："你的瓦瓮，我买下了。"然后，命人把瓦瓮全部推下山崖，这才疏通了道路。刘颇及时地将自己的盐运进了渑池，从而避免了遭遇重大损失。

对于刘颇来说，他用来买瓦瓮的八千钱就是经济学中人们常常提到的"沉没成本"。试问，如果刘颇没有勇气冒险去放弃这些沉没成本，那么他的盐很可能就被即将到来的大雨冲走，而运输的车队也很可能在悬崖遭遇更大的危险。

生活中，像刘颇这样敢于冒险的人并不多。大多数人往往习惯于去躲避风险，或者等待风险自动解除，这跟坐以待毙其实没什么两样。我们不愿意冒险的结果，往往是损失更多更有意义和价值的东西。而有些时候，我们越觉得危险的地方，反而是越安全的。如果我们害怕冒险，而选择一条看上去相对安全的做法，其实才是真正将我们推向了深渊。

这是一个登山专家的经验，他会告诉你："如果你在半山腰，突然遇到大雨时应该向山顶走。"

一定有人会问："山顶的风雨不是更大吗，为什么不往山下跑呢？"

登山专家的答案是："往山顶走，固然风雨可能会更大，但是终归只是风雨而已，不会威胁到你的生命。而如果向山下跑，那样看上去风雨小些，好像也安全一些，但是如果山洪暴发，你就有可能被活活淹死。"

"对于风雨，逃避它，只有被卷入洪流；迎向它，你却能获得生存。"这是登山专家的经验之谈，也是人生的伟大哲理。

在我们的一生当中，风雨是无处不在，无时不有的。如果见到风雨我们就想往后退，那么势必会将我们推入一个危险的境地。人生的道路虽然有很多，但是属于你的最终也只有一条。所谓的看起来平坦的"退路"也许是自己走过的，但是却未必真的安全，你走过它时，也许风平浪静，但不代表下一刻它不会变得波涛汹涌。

在适当的条件下规避风险是智者的表现，可是如果风险在所难免，那么直接面对风险才是明智的选择。这种做法虽然有时候会让我们截断自己的后路，看起来失去了选择的机会，但恰恰也是这种做法让我们有了勇往直前的勇气。

公元前一世纪，西泽大帝统领他的罗马大军准备进攻英格兰。

当时的西泽充满了必胜的信心，但是他手下那些长途跋涉的士兵却并不这么认为。所以，他必须让手下跟自己一样不顾一切奋勇向前。为此，他想到一个办法。

当所有将士都抵达英格兰后，西泽命人将运送的船只全部聚在一起，然后在全军将士的面前，将这些准备运送他们回国的船只一把火烧掉了。

惊愕的士兵们在冲天的火光中听到他们的领袖振臂高呼："我亲爱的士兵们，你们已经看到，现在我们所有的船只都已被烧掉。这就是说，我们已经没有任何退路，我们的处境相当危险，除非我们能够将敌人打败！"

士兵们都已经明白，他们真的是没有退路了，必须冒险突击，而且必须成功，否则只能等死。

于是这支破釜沉舟的军队在西泽的带领下一路向前，奋勇作战，终于获得了战争的胜利。

这种冒险的行为看起来有些过激，却将更大的危险降到最低。我们的人生跟这支军队没有任何区别，只有不给自己留退路，我们才可能变得专注，才可能鼓足勇气全力去实现自己的目标，才能像舍掉"沉没成本"和遇到山洪时那样避开人生当中真正的危险和灾难。

法则 44. 上帝青睐勇敢的人

我们常常羡慕那些受到命运垂青的人，但却很少意识到，很多时候并不是因为我们的智力、知识比不上他们，而是缺少了敲开成功之门的勇气。

有句俗话叫"鲤鱼跃龙门"，说的是鲤鱼一旦越过龙门之后，就会变成一条真龙一飞冲天。其实我们每个人都像一条生活在池中的鲤鱼，我们梦想着自己可以飞上云霄去行云布雨、腾云驾雾。可是为什么大部分人终其一生依然还是那条池中之物呢？因为我们缺少了越过"龙门"的勇气，不敢去尝试。于是有的人放弃了，一辈子甘心做一条"鲤鱼"，甚至早早被送上了餐桌；而有的人勇敢地来到人生的"龙门"，一路向上攀登，最终获得成功。上帝就是这样，更喜欢那些勇敢去做的人。虽然人与人的资质并没有多大差别，但是有没有迈出那勇敢的一步，最后就有了本质区别。

十九世纪末，在伦敦某游戏场内的演出中，台上的演员刚唱没两句就突然发不出声了，观众看到这种状况后乱作一团，有的观众甚至开始起哄，叫嚷着要求退票。

剧场老板非常着急，如果退票的话他就赔本了，而且剧场的声誉也将毁于一旦。于是，他立刻找人救场，然而找了一大圈也没有发现合适的人，老板更加焦急了。

这时，台下一个只有五岁的小男孩勇敢地站了起来："老板，让我试试可以吗？"小男孩的眼神是坚定和自信的，而且他的声音也让剧场顿时安静了下来，人们顿时对这个乳臭未干的小男孩产生了浓厚的兴趣。老板看到他虽然是个孩子，但是胆量十足，而且当下好像也没有什么更好的办法，于是同意他上台试一试。

小家伙站到台上开始又唱又跳，而且诙谐的动作和生动的表情把观众逗得很开心，歌才唱了一半，很多观众就开始向台上扔硬币了。小男孩受到了鼓舞，他一边滑稽地捡着扔到舞台上的钱，一边唱得更加卖力了。在观众热情的欢呼声中，小男孩一下唱了好几首歌。他不仅帮剧场老板圆了场，还赚到了不少的外快，让很多人爱上了自己。

几年之后，一个儿童剧团迎接法国著名的丑星马塞林。在表演中，马塞林说自己需要一个演员来演一只小猫，希望有人可以站出来配合他。

由于马塞林在当时的法国名气非常大，他的表演几乎完美，想要跟他合作需要非常好的专业表演技巧和舞台经验才行。很多专业演员都不敢接受这个角色，他们害怕在大师面前演砸了，也害怕自己在严厉的大师面前出丑。

这时那个长大了一点的小男孩再一次勇敢地站了出来。所有在场的人都为这个孩子捏了一把汗，大家都觉得这个孩子太莽撞了，如果演不好他可能会被赶出剧团的。可是结果却出乎意料，他和马塞林配合得非常默契，博得了台下观众热烈的掌声。而这个小男孩也从此为大家所熟知，并且在长大以后成为举世瞩目的幽默艺术大师。

没错，这个人就是查理·卓别林。

人如果说成功是天上的馅饼，那么我们也要勇敢地伸出双手去接住它才行。很显然，卓别林正是那个敢于伸手的人。他因为大胆的尝试，让世人认识自己的与众不同，也给自己大放异彩的机会。也正是这又一次的

气顺了人生就顺了

大胆尝试，让观众惊艳的同时也磨炼了自己的舞台经验，开辟了属于自己的成功之路。而很多时候，我们之所以没有成功，并不是我们缺少成功的条件，而是缺少大声说 "让我试试看"的勇气。

命运跟我们一样，总是对那些勇敢挑战的人另眼相看。因此，如果想获得命运的青睐，就必须站出来让他看到你才行。你要清楚，勇敢尝试你不敢做，却对你的人生有帮助的事情，这并不是一场无谓的冒险，而是一种对人生和自我的开拓。只有不停地去尝试，不停地去开发，才能不停地发掘自己体内蕴藏的宝藏，获得最丰厚的财产。

Chapter 5

有**人气** 才能有**底气**

一个人若想成功，单凭自身的力量是非常难以实现的。我们需要更多的人来帮助。这并不代表你没有能力，相反能将这么多的人力资源收归己用，更是一种有能力的表现。而善待这些资源，你会走得更远。

法则 45. 拥有好人际才能有底气

不管是"一个好汉三个帮"还是"众人拾柴火焰高"，都说明了群体的力量是强大的。围绕在我们周围的人越多，说起话来才越有底气；掌握的人力资源越多，做起事来才越有力量。

很多人认为只要努力工作就可以受到别人的关注，得到应有的报酬，这种想法虽然没错，但是如果能"众人拾柴"，为什么非得让自己"单打独斗"呢？聪明的人是不会仅凭一己之力打天下的，因为现实中的很多事情也不是单靠个人的努力就能做好，学会借用人脉的力量你才更容易取得成功。

睿智的人做事犹如在做一道高深的计算题，解题时不能盲目地埋头苦干，而是找出简单的方法和所遵循的规律来计算，不但可以节省时间，还能让得出的答案准确无误。

再过一周，公司招聘进来的十名试用生就要淘汰九名了。这十名试用生都是冲着总裁助理的职位来的，这个职位相当诱人，竞争十分残酷。

面对最后的竞争，黛西十分清醒，竞争对手个个都在摩拳擦掌，对总裁助理的职位志在必得，她只有更加勤奋地工作才能确保不被淘汰出局。

办公室每个人都是忙忙碌碌的，只有下班铃声响起才仿佛得到了真正的解放。黛西是一个细心的女孩,她发现很多时候同事们走得过于匆忙忘记关掉计算机或打印机、传真机。

渐渐地,她成了办公室里最后一名离开的员工,因为每天下班她都要检查同事的计算机是否关上,办公室空调是否还在运转……

只有确认办公室的办公设备全部关闭并拔掉电源后,黛西才会放心地回家。黛西的做法很快引起了同事的注意,而且因为黛西平常对每个人都极力配合,这让大家对她表示感激的同时,更多了一份好感。

一周的时间转瞬即逝,黛西即将面对裁决。对于最后的裁决她心里并没有自信,因为她只是处理一些日常工作,并没有什么出色的地方。当人事经理宣布黛西是最后入选的人员时,她愣住了,没有想到幸运女神竟如此眷顾自己。

事后,人事经理告诉黛西,公司之所以选中她是因为她的勤奋和合作。这次的裁决并不是人事经理一个人的决定,而是通过部门同事投票决定的,黛西因为受到了同事的欢迎,最终以绝对的优势高票当选。

人的能力很多时候都是相差无几的，既然成为备选，那就说明每个人都有适合的潜质，但为什么只有黛西一个人可以获得最终的机会呢？这就是个人能力之外的事情了，而受不受大家欢迎在这里发挥了至关重要的作用。

　　如果我们想获得成功，不妨仔细观察一下那些成功者，就会发现除了能力之外，他们还有一个共同之处，那就是他们的人际关系都非常广泛。

　　美国前总统克林顿之所以能够成功赢得竞选，成为美国历史上著名的总统之一，与他拥有非常广泛的人际关系是分不开的。

　　在竞选的过程中，克林顿的那些拥有高知名度的朋友扮演了举足轻重的角色。这些朋友当中，有他儿时在热泉市的玩伴，年轻时在乔治敦大学与耶鲁法学院的同学，还有他毕业之后当罗德学者时的旧识……

　　这些名人聚合起来的能量，就像一个巨大的小宇宙，为了能让克林顿竞选成功，他们全力支持他，为他四处奔走。

　　在竞选成功后，克林顿不无感慨地说，朋友才是他生活之中最大的安慰。

　　因为有了朋友的鼎力支持，克林顿才得以在竞选当中更加有自信，因为他的身后有那么多的助力推动他，他想不成功都难。这正如作家史坦利所说："成功是一本厚厚的名片簿，更重要的是成功者广交朋友的能力，这或许是他们成功的主因。"我们只有拥有了广泛的人际关系，才能在无形中建立起一个庞大的信息网，这样我们就比别人多了许多成功的机遇和桥梁，成功的胜算自然更大一些。

　　俗话说："在家靠父母，出外靠朋友。"我们要在社会上行走，如果没有良好的人际关系，一个朋友都没有，单凭自己的力量绝对不可能成大事。

也许朋友多并不一定能够成大事，但朋友多却是成大事的先决条件之一，所以我们要尽可能地多交朋友，因为这是人与人必须交往的社会。唯有正确稳妥地面对和自己产生交集的人，并用心维护，才能令自己的好人缘无处不在。

尤其在这个物竞天择的时代，想有一番作为就必须要掌握八面玲珑的本领，只有这样才能让我们拥有人气和底气，才能在事业上开创一条康庄大道，奔向成功。

法则 46．对手也可以是你的帮手

有对手不一定是坏事，虽然我们和对手之间存在着竞争关系。如果我们能够正确处理这种关系，我们就有可能和对手化敌为友，甚至让对手成为自己的帮手。而这一切的前提是，请你先伸出友谊之手。

有人说："你的对手所给你的东西往往比朋友给你的还要珍贵。"这句话不无道理。在这个充满竞争的时代，朋友或者对手都不是固定和必然的模式，有时候朋友会成为对手，有时候对手能成为朋友，关键是看我们自己怎么去做。

从辩证法的角度来看，事物都会有正反两面，竞争也不例外。一方面，竞争可以成为前进的动力，对个人的发展发挥出促进的作用。另一方面，只要有竞争必然会出现胜负两方，如果胜者骄傲轻敌就会降低战斗力，在下一轮竞争中失利；失败者如果萎靡不振，自卑嫉妒，则会产生极大的负面影响。

如何面对竞争，如何对待竞争对手，于人于己都是一门学问。

如果将竞争对手视为敌人，非要与他拼个你死我活，不但令自己的神经处于备战的紧绷状态，而且还会使自己心情紧张，往往顾此失彼。学会和竞争对手和平相处，试着拥抱对方，可能会有意外的收获。

戴维大学毕业后自主创业，经过多年打拼已成为一家服装店的经理，

气顺了人生就顺了

在戴维旁边还有一家销售相同服饰的小店，两家店竞争气势十足。

刚开始为了垄断客源，戴维不得不以打折销售的方式吸引顾客，但是旁边的店竟然以更低廉的促销活动吸引了购买者的目光。面对日益下降的营业额与利润，聪颖的戴维进行了冷静地分析与思考，最终，他决定与竞争对手好好谈谈。

戴维找到对方，礼貌打了招呼，说道："我认为我们两家店再这样恶性竞争下去都将是受害者，这样不计成本地下调销售价格只能令利润空间越来越小，从而自己淘汰了自己。我们应该合作，共同制订销售价格规则，并且遵循这个规则来进行销售，达到双方的共赢。"

对手盘算了一下，他们周边只有这两家小店，地理位置和客源都非常好，假如两家店能够公平竞争并联手合作，那么于人于己都是件乐事，于是毫不犹豫地答应了戴维的合作要求。

果然不出所料，由于价格合理并且两家店几乎涵盖了此类服饰的所有样式，生意自然财源滚滚，日进斗金。

竞争总是不可避免的，涉及利益之时难免要分出个伯仲，而一味排斥对手通常会落得两败俱伤。反之，抱着欣赏竞争对手的心态，则会赢得人心，壮大自己的力量。当然，我们的竞争对手如果有那么一点顽固，非要把你打败不可，你也许可以试试以德报怨的方式来解决。

乔治是一位经营瓷砖的商人，生意一直不错，可是最近由于另一位对手的恶性竞争而使他陷入困境。对方在他的经销区域内定期走访了建筑师与承包商，并告诉他们："乔治的公司不可靠，他的瓷砖质量不好，生意也面临即将停业的境地。"乔治听到这个消息后，心情糟透了。

在一个星期天早晨，他听一位牧师说："人生在世，第一功德是要施恩给那些故意跟你为难的人。"乔治认真地把每一个字都记了下来。接着，他告诉牧师，就在上个星期五，他的竞争者使他丧失了一份五十万块瓷砖的订单。牧师告诉他要以德报怨、化敌为友，而且列举了很多事例来证明这一理论的正确性。

当天下午，乔治在安排下周的工作日程时，发现一位远道而来的顾客正为一批瓷砖而发愁，所指定的瓷砖并不是乔治的公司所能制造供应的那种型号，而是与那个竞争对手出售的产品很相似。同时乔治也确信那位造谣生事的竞争者绝对不知道有这笔生意的机会。

这件事使乔治感到左右为难。如果听从牧师的忠告，他觉得自己应该把这一商机告诉对手，并祝福他顺利签下合同。但是，如果按照自己的本意，他宁愿对手永远也得不到这笔生意。

牧师的忠告一直萦绕在乔治的脑海。最后，也许是因为很想证实牧师是错的，乔治拿起电话拨到竞争者的家里，并很有礼貌地直接告诉他，有关那笔生意的消息。

那位对手一下变得结结巴巴，说不出一句完整的话来。但是很明显他非常感激乔治的帮忙。乔治还答应打电话给那位建筑承包商，推荐竞争对手来承接这笔订单。

以后事情的发展令乔治深感意外。竞争对手不但立刻停止散布有关他的谣言，而且还把他无法处理的一些生意转给乔治做。现在，他们之间的一切阴霾已经烟消云散，生意也日益火热起来，更重要的是，乔治还因此获得了宽容、诚信、正派的名望。

在这个时代，竞争与合作是相辅相成、相互依存的关系，是你中有我、我中有你的交融状态。与竞争对手联手并不是不可能的事，真正与竞争对手成为伙伴，对双方本身都是一种壮大。

由此看来，试着拥抱竞争对手，不但可以为自己注入前行动力，还可以让我们宽容、仁爱的一面闪烁发光。

法则 47. 你身边的人有可能就是你的贵人

生活中从来不缺少贵人，他们可能是你的上司、同事，也可能是你的朋友、亲人，甚至是萍水相逢的陌生人。当我们努力和付出变得有价值时，这些贵人就会如期而至在身后默默支持。所以，请善待身边的每一个人，说不定哪一天他就会成为你的贵人。

大作家伏尔泰说：人世间所有的荣华富贵不如一个好朋友。

一个人的成功往往需要贵人相助，而在很多时候我们的朋友正是我们的贵人。

在春秋战国时代，有一个非常著名的人物，他就是齐国的管仲。但是在管仲成名之前，他曾是一个人人都讨厌的家伙，与朋友做生意，也没贡献多大的力量，却要分更多的钱；当兵的时候战败，第一个逃跑。唯一的优点，就是他有一个有钱又忠诚的朋友鲍叔牙。鲍叔牙为管仲做了很多事，可是管仲却还常常占好朋友的便宜，所以就更让大家看不起。除了鲍叔牙之外，管仲几乎没有任何朋友。·

这样的一个人应该一辈子都不会有出人头地的机会了吧？当然不是。我们大家都知道，管仲最后还辅佐齐桓公成就了霸业。

那么管仲这样一个让人讨厌的家伙是怎样成功的呢？还是因为他遇见

了自己生命中的贵人鲍叔牙。

鲍叔牙在管仲的仕途上发挥了举足轻重的作用。他说服了齐桓公，让他宽恕曾经为了帮助公子纠与齐桓公争夺王位而设计暗杀他的管仲。因为鲍叔牙知道管仲的才能究竟有多大，所以鲍叔牙劝齐桓公如果想称霸天下，就必须抛弃私仇，拜自己的仇人管仲为相。结果，齐桓公听取了鲍叔牙的建议，管仲才得以脱颖而出，成为春秋时期的风云人物。

想要获得成功单靠自己的力量显然是不够的，在人生的很多关键时刻，我们都需要贵人的提携。就连管仲那样一个令人讨厌的人都能成为一代名相，可见贵人的能量是多么巨大。

当然，贵人不仅是古人才有的专利，现代人的生活中也随时都有贵人的影子，比如带给你领悟、鞭策和力量的良师，带给你感情、安定和多种帮助的伴侣，带给你理解、温暖和安慰的知己，带给你机会、赏识和长进的上司，带给你支持、帮助、忠诚和方便的同事、下属，带给你视野开阔、趣味的各路朋友等，都是生命中的贵人。

家馨是主管上司亲自招聘进来的员工，上司无论指派何种任务她都能够实时出色地完成。上司对她赞赏有加，有意进一步培养。家馨也不负上司厚望，努力工作并在工作完成之余费心尽力地策划新的方案。家馨新鲜的想法往往使上司眼前一亮，为此上司有意加大工作量对她能力和人品做一个全方位的考验。追求完美的家馨加班进行工作，并且源源不断地给予上司惊喜。在上司的指点下，家馨深谙自己工作的精髓，并对公司整个谋划策略了然于胸，上司看到时机成熟，便向董事长举荐家馨。于是家馨顺利晋职，独当一面。

家馨的成功来自上司的提携，但是我们也不要以为只有那些有权有势的人才会对自己的成功有所帮助。在适当的时机，任何一个普通人都可以成为扭转乾坤的贵人。因此，对身边的人一定要以诚相待，那些毫无诚意的点头之交对于我们的成功没有什么太大的意义，我们必须通过付出自己的诚意为自己创造更多成功的可能。

安妮负责某家具品牌的市场活动，在与客户合作时，她都会殚精竭虑地为客户着想，力求将活动举办得完美并且将成本降至最低。安妮认真负责的做法令客户十分满意，在以后合作的客户都会点名请安妮来帮忙。客户发展得越来越快，于是向总部申请筹备一个更大的公司，而所选的新公司负责人就是安妮，并且力邀她加盟。通过多次合作，安妮和对方已是对彼此了解，就像相识多年的朋友，想得到更多发展的安妮自然愉快应邀。

安妮的认真努力成就了自己，但她没有想到关键时刻的贵人竟然是自己的客户。

安妮的贵人是她的客户，那你的贵人又会是谁呢？每个人都有可能。贵人不会把"贵人"两个字写在脑门上，但有五个显著的特征可以帮助你找到生命中的贵人。

特征一：无条件挺你。无论是你春风得意还是落魄失意，经常站在你的身边，安慰并鼓励你的人，绝对是你的贵人。

特征二：经常在你耳边唠叨，希望能用自己的经验帮助你避开危险的人是真正关心你的贵人。

特征三：经常批评你的人。这种人的存在，使你在工作上谨慎小心，经常充满危机感，并不断提升自己。

特征四：接受、赞赏你的人。如果有人告诉你，他觉得你在某方面很出色，并建议你尝试着去发展、强化，他很可能就是你的贵人。

特征五：对你遵守信诺的人。如果有人对你坚守了自己的承诺，那么他则是你无论如何都需要紧紧抓牢的贵人。

知名企业顾问理查德·柯克在他的畅销书《80/20法则》中建议读者，

可以试着拟一份"盟友名单"，并在拟出盟友名单后设法和他们建立喜欢对方、互相尊重、分享经验、有福同享、相互信赖的五种关系。因为他们能适时地提供你所需的帮助，帮你一起谋求共同利益。除此之外，为了让贵人出现的几率最大化，我们要做的是扩大自己的人际圈，有选择地去交一些有用的朋友。当我们认识的人越来越多时，我们拥有成功的机会也就越来越大了。

气顺了人生就顺了

法则 48. 感谢曾经折磨你的人

为了提高自己的人气和自信，我们需要交很多朋友，并且记住和感谢他们曾给予的帮助。但是，我们也应该感谢那些曾经折磨过我们，给我们带来灾难和不幸的人。正因为有他们的存在，我们才变得越来越坚强。

对于曾经给过我们折磨的人，我们通常是抱着怨恨的心理。因为他们曾经让我们的生活变得如此痛苦，是他们让我们在疼痛、不安与沮丧之中痛苦挣扎。我们经常会想，如果没有他们，我们的日子会过得更美好。

也许的确如此，但是你想过没有，如果没有他们也许我们还不懂得"美好"是一个什么概念，我们还不懂得珍惜，当然也许更不可能有一颗强大的内心和今天的成绩。

加拿大曾经有一位非常有名的长跑教练，他的成名来自于在很短的时间内培养出好几名世界级的长跑冠军，所以有很多人都向他咨询训练成功的秘诀。但谁也没有想到的是，他成功的秘诀竟然在于一个神奇的陪练，但这个神奇陪练却不是一个人，而是几只凶猛的恶狼。

这位教练给自己的队员训练长跑时，一直要求他们在从家里出发到训练基地的路上，一定不要借助任何交通工具，必须自己一路跑来才行，而这也是他们每天训练的第一课。

队员们都认真遵守着这一训练课程，但是其中有一名队员却并不那么积极，几乎每天他都是最后一个才到，但他的家并不是最远的。教练对这个队员非常头痛，他甚至想要劝告这个队员改行去做别的，不要再在这里浪费时间了。

然而有一天的早上，这个队员竟然比其他队员早到了二十分钟。教练了解他离家的时间，并计算后惊奇地发现这个队员当天的速度非常之快，几乎可以打破世界纪录了。在他还在惊讶的时候，发现这个队员正气喘吁吁地跟他的队友们描述着当天的遭遇。

原来，在这名队员离开家不久，在经过一段五公里的野地时遇到了一只野狼。

那只野狼显然是出来觅食的，看到这名队员就跟在后面拼命地追赶，队员为了保命只好在前面拼命地跑，虽然他耗费了大量的体力，但是那只野狼最后终于被甩掉了。

教练听后终于明白，原来今天这名队员之所以能超常发挥是因为一只野狼的追赶，因为他有了一个想要把他当成盘中餐的敌人，正是这个敌人让他将自己所有的潜能都发挥了出来。

教练深受启发，于是在以后的训练中他聘请了一个驯兽师，并找来几只恶狼。每当要训练的时候，他就让驯兽师把狼放开。尽管队员们每天被这些恶狼折磨得精疲力竭，但是没过多长时间，他们的成绩都有了大幅度的提高，还出了几个世界冠军。

因为每天遭受恶狼的折磨，这些运动员突破了原有的自我，激发了自己的潜能，同时也成就了他们的辉煌。我们的生活当中也总会遇到一些像恶狼一样的人，在某一段时期里他们追着我们不放，总是想伺机抓住我们的把柄，他们让我们的生活变得疲惫不堪，每天都过得胆战心惊。我们曾经一度非常怨恨他们，抱怨他们毁了我们的生活。但是在时过境迁之后，我们也许会发现，当初我们所受到的那些折磨和打击，才成就了今天的自己。

菲比刚刚大学毕业时，进入一家时尚杂志工作。她的上司是一位非常严肃的女人，每天对菲比板着脸，然后给她一大堆的工作让她去做。菲比原本是编辑，但是她每天却被上司派去做各种各样的杂工。

除了这些杂事之外，菲比当然还得做好自己的本职工作。上司除了严厉之外还是一个极度挑剔的人，而且她从来不把自己的想法告诉菲比，让菲比的工作相当吃力。菲比只要做得稍微不符合她的标准，就会被叫到办公室训斥一顿。

这让菲比在那段时间过得非常沮丧，她曾经引以为荣的专业在这里一点用场也派不上，还被批评得一无是处，这让菲比开始怀疑自己究竟是不是做这行的料。当初，这份工作她是那么热爱和向往，可是现在却被折磨得快要崩溃了，甚至想要放弃。但是上司对她辞职信的嘲讽，让她决定再坚持一下。

半年以后，菲比逐渐适应了那份繁杂的工作，那位苛刻的上司也被调走了，她顿时觉得异常轻松。现在她已经可以应付各种事务，她写出的文章受到总编的赞扬，没有多久她就成为了时尚圈非常有名的编辑，进而成为主编的第一人选。菲比成功了，在回忆那段不堪回首的时光时，发现竟然是那位令她最讨厌的，让她身心俱疲的上司给自己最大的帮助，是那位曾经让她觉得面目可憎的上司成就了今天的自己。

我们生活当中有很多经历跟菲比相似，我们经常受到来自上司、同事、老师的"折磨"，我们虽然非常恨他们，但是因为无力反抗所以只能任其摆布。可是在这段可怕的经历结束之后，我们会发现那些曾经费尽心机折磨我们的人，反而是我们最应该感谢的恩人，是他们让我们成长，是他们所给的那些折磨让我们变得成熟。对于那些人我们曾经那样憎恶，但不可否认，那些人成就了今天的我们，也许我们直到今天也不愿意再见他们一面，但是我们不得不承认，没有他们也许就没有现在的我们，对此，我们是不是也应该道一声谢呢？

法则 49. 原谅伤害过你的人

别人对我们的伤害无论是有心还是无意，我们都不应该将自己深陷在谴责他人的情绪里，这样不仅对我们身心无益，而且不能让事实改变。就如同台风带来暴雨，将我们的房屋冲垮一样，我们能说"我永远也不原谅天气"吗？既然伤害已经造成，再纠缠于伤害本身是没有任何用处的，选择原谅那些给过我们伤害的人，反而是一种对自我的救赎。

在这个世界上，每个人都走着属于自己的生命之路，然而生活纷纷攘攘，难免有碰撞和冲突。如果我们选择冤冤相报，非但不能将心中的创伤抚平，甚至会给受伤的心撒上一把盐。我们的不原谅让自己深陷仇恨的牢笼，我们的报复让自己将伤害无限地扩大化，甚至造成更加难以弥补的错误。

鲍尔和凯拉是青梅竹马、两小无猜的一对，两人从小就有婚约。可是，在鲍尔二十三岁的时候遇上了艾莉丝。然后，他义无反顾地抛弃了凯拉，选择了艾莉丝。未婚夫的离开和绝情让凯拉既痛苦又愤怒，于是，她到法院起诉鲍尔，鲍尔被裁决违约，需要支付 600 英镑给凯拉作为赔偿。

当时鲍尔每月的工资是 16 英镑，600 英镑对他来说无异就是一个天文数字。如果鲍尔不离开凯拉，他就不需要支付这不堪负担的赔偿，但是为了爱情，他毅然选择从放债人那里借600英镑来支付这笔赔偿。借契规定他必须每月还5镑，连本带利他需要还20年。

鲍尔和艾莉丝的日子过得十分拮据，但他们的幸福却没有在贫穷里打折。他们拼命工作，尤其是鲍尔，即使是节假日，他也不休息。

不久，他们有了五个孩子。可是饥寒交迫的生活将他们折磨得虚弱不堪，最后妻子和五个孩子都因疾病而离开了这个世界，只剩下鲍尔一人面对失去至亲的痛苦和没有还清的债务。

二十年过去了，鲍尔终于摆脱了债务的困扰。他常常独自走到海边，望向遥远的天际追思自己的妻子和孩子。有一天，中年的凯拉突然出现在他身边，她一直没有结婚，一直在等鲍尔回头，而当初的600英镑已经变成了6000英镑，她希望和鲍尔共享这笔财富所带来的幸福。鲍尔冷漠地摇了摇头，他说："不！那上面沾满了我最爱的人的鲜血，我的妻子、我的孩子都因此而永远地离开了我，它不会带给我幸福，只会让我觉得更痛苦。"

凯拉失望地转过身，落寞地走了。报复并没有带给她任何快感。

凯拉的不原谅和报复，不仅让自己遗憾终生，也把伤害带给了那些无辜的人。最终，她自己什么也没有得到，反而还要背负刽子手的心理包袱。很显然如果我们用伤害来报复伤害，我们除了让伤害无限扩大之外，没有任何好处。

每个人的一生都要经历各种各样的事情和接触到形形色色的人，有些事情只有在亲身体验后才会发现是非恩怨不过是过眼烟云。我们完全没有必要执著于那些伤害，其实如果我们肯换一种方式去做，比如以德报怨，也许我们得到的将是另外一种结局。

战国时期，魏国和楚国紧紧相邻，一个叫做宋的大夫被派往两国紧邻的小县城去做县令。

在两国交界的地方适宜种植西瓜，两国的村民也都有着种植西瓜的习惯。可是一年春天雨水很少，眼看瓜地干裂，瓜苗即将旱死。于是，魏国的村民连夜到地里挑水浇灌，经过几昼夜的忙碌，魏国田地里的瓜苗长势好了起来，比楚国村民种的瓜苗高出不少。

楚国的村民一看到邻国的瓜苗长得那么好，心里非常生气。出于嫉妒，楚国很多人在晚上偷偷潜入魏国村民的瓜地去踩瓜秧，借机发泄心中的不满。楚国偷踩瓜苗的事情很快就被魏国村民发现了，他们对此气愤不已，决定也去楚国瓜地踩瓜秧。

宋县令得知村民的想法后，赶忙请大家消消火气，说："依我看，大家最好不要去踩楚国的瓜苗。"宋县令的话犹如一石激起千层浪，村民纷纷嚷道："难道我们怕他们不成，为什么他们可以欺负我们，我们却不能以牙还牙呢？"

宋县令笑了笑说："如果你们去踩楚国瓜秧，只能解解心头之恨。可是，他们发现后一定不会善罢甘休，如此下去，互相破坏，只能两败俱伤。"

村民听过之后，皱着眉头问："那我们应该怎么办呢？"

宋县令说："方法倒是有一个，那就是你们每天晚上顺便帮他们去浇地，将会有意想不到的收获。"

村民听从宋县令的话，每天晚上都到楚国的瓜地去浇水。楚国村民发现魏国人不但不记恨，反而帮他们去浇水，羞愧得无地自容。

后来，这件事传到楚王的耳朵里，他深受感触。长期以来楚王对魏国虎视眈眈，通过这件事，他主动与魏国和好。从此以后，魏国和楚国相处和睦，十分融洽。

为人处世中，人与人之间免不了会产生碰撞和摩擦，能够做到原谅别人，甚至以德报怨，这不仅是对别人的宽恕，更是对自我的救赎。因为我们不用再去背负伤害的枷锁，那种释然必定会让我们的人生更加轻松。而且我们还会发现一个好处，那就是当我们原谅别人的时候，还会因为自己的宽容大度受到他人的爱戴，从而为自己拓宽脚下的人际之路。正如明朝洪应明著的《菜根谭》中说："处世让一步为高，待人宽一分是福。"想必每个人对于福气都是不会拒绝的，那么就请对曾经伤害过你的那些人选择原谅吧！

法则 50. 微笑可以融化坚冰

微笑是上帝赐给人类最贵重的礼物，我们的脸正是为了呈现它而生的，所以在任何时刻都不要忘了微笑。当微笑成为习惯，你就会发现它是我们人生中最大的资产，是谁也剥夺不了的。当你用微笑将友善与关怀传递给每一个人的时候，就会形成一股温暖的力量，这种力量连坚冰都能融化。

微笑的一个最大的好处就是它非常招人喜欢，不管我们所面对的人心情如何，他都不会轻易拒绝一张笑脸，正如人们经常说的："举手不打笑脸人。"因为我们笑容的感染力也会让身边的人感受到一种温暖，对于温暖的东西人们往往是难以抗拒的。所以，有人说："会笑的人有糖吃。"这句话是非常有道理的，它真的可以带给你意想不到的好机会。

埃拉毕业后不久就来到她现在所在的这家公司，这家公司对应聘者的学历有着很高的要求，一般情况下专科学历基本上是不予以考虑，可是埃拉成为了例外。

埃拉得知这家公司将要招聘的时候，亲自将履历送至人事部，人事专员看到履历上学历一栏标有专科字样，刚要回绝，抬头看到埃拉一脸灿烂的微笑站在面前，这不正是公司想要找的柜台人员吗？于是人事专员特意向上层主管进行了汇报，上层主管看到埃拉美丽的笑容也被打动了，便破例留下她进行试用。

　　作为柜台人员的埃拉脸上时刻保持着迷人的微笑，每一个看到她的人都被她阳光般的笑容所感染，于是心情大好。就这样埃拉用甜美的微笑弥补了学历的不足，顺利成为公司中的一员。

　　微笑是成功的通行证，它可以充分表达你的内在美与自信心。埃拉之所以能被破格录取，当然是因为她会微笑。一个会笑的人，给人的印象往往是热情、富于同情心和善解人意的。微笑是一种含意深远的肢体语言，让人拥有了最美丽的面容，它彰显的是一种自信的力量，传递的是一种友好的信息。这种信息告诉周围的人，我是喜欢你的，对于喜欢自己的人，每个人都不会拒绝。

　　微笑还可以消除人与人之间的隔阂，建立和谐的人际关系，营造愉悦轻松的氛围。同时，它还是一种武器，是一种在努力寻求和解的武器。尽管看上去柔软无力，但是却具有无坚不摧的力量，有时候甚至一个原本铁

石心肠或者坚持己见的人都会为此改变主意，朝着你希望的方向去转变。

日本有一家公司，需要购买近郊的一块土地。可是这块地的主人是一个倔强的老太婆，任凭这家公司的人费尽口舌她也不愿意卖。

为了计划能够顺利进行，这家公司的人只好经常来游说她。一个下雨天，老太婆借着来城里办事的机会来到这家公司，她要告诉董事长"死了买这块地的心"，要他们再也别去烦她。

当她推开门时，看到屋里的地板光彩照人，而自己却满身是泥。她正犹豫着该不该走进去的时候，柜台的秘书小姐微笑着走到她面前，热情地说"欢迎光临"。小姐也看出了老人的窘态，毫不犹豫地脱下自己的拖鞋，整齐地摆在老人的面前，微笑着说："下雨天，天凉，请您穿上这个好吗？"

老人看着秘书小姐光脚踩在冰冷的地板上，有些不好意思穿。秘书小姐却热情地说："没关系，年轻人的脚适当地接触地气可是很好的。您是我们的客人，就请穿上吧。"

等老人穿好拖鞋，秘书小姐才问道："老人家，请问您要找谁呢？"

"哦，我要见你们的董事长。"

"好的，我这就带您过去。"说完，秘书小姐像搀扶母亲那样扶着老人走到董事长办公室门口。

在走进董事长办公室之前，老人改变了主意决定把那块地卖给这家公司。就这样一个大企业倾尽全力交涉多时也徒劳的事情，竟然因为一位秘书的热情微笑而促成了。

微笑可以帮我们扭转人心和僵局，让原本冰冷的气氛发生奇异的化学变化，那位原本固执的老太婆，正是因为一个微笑而改变了心意。微笑作为一种友好的象征，可以让我们在难以用语言表达心境的情况下仍然拥有最好的交流工具，发挥着化干戈为玉帛的作用，让人际关系变得更加和谐顺畅。

气顺了人生就顺了

古龙曾经说过："一个爱笑的人，运气往往都不会差。"微笑要发自内心，即"情动于中而形于外"。与人交往的过程中，只要我们能调节好自己的情绪，就能保持轻松愉快的心境，嘴角自然就会挂起幸福的微笑，并感染他人。而他人的微笑又反过来巩固和强化你的愉悦和微笑，这样就形成了人际关系的良性循环态势。所以，无论如何我们都要学会微笑，它会让你更有人缘。

法则 51．学会尊重才能赢得尊重

尊人者，人尊之。

获得尊重的先决条件一定是先学会尊重。基于一种人格上的平等和互动，你给别人什么，你就将得到什么，所谓"投桃报李"就是这个道理。

孟子曰："爱人者，人恒爱之；敬人者，人恒敬之。"希望获得别人的尊重几乎是每个社会人的共同愿望，它是一种积极向上的美好追求，最起码它表示你已经准备好以一种更高的标准来要求自己，并且希望别人看到一个更好的自己，然后对这个自己产生敬意。

不过，在很多时候我们也会发现，现实并不像我们想的那样，当我们已经做好准备去迎接别人"敬仰"的目光时，我们却往往成了曲高和寡的孤家寡人，并没有像自己期待的那样获得赞誉。这究竟是为什么呢？也许下面的故事能给出答案。

曾经有一个大善人就是这样，他几乎每个月都会开设粥棚，布施乡里，还经常拿出大量的钱财来为当地百姓修建公共设施。大善人是个好名之人，他以为这样大家就会尊重他，对他感恩戴德。可是事实却完全出乎他的意料，尽管他的"善心"名声在外，但是乡民们却并不对他心存感激。

起初，这位善人以为这是大家对他的财富和名声嫉妒，并且越来越

气顺了人生就顺了

不把这些不懂得知恩图报的无知乡民放在眼里。直到有一天他亲自将过冬的棉衣发放给那些无家可归的人时，竟然没有一个人抬头看他一眼对他说声谢谢。而他原来看到过这些乡民以前对布施的管家礼遇有加、热情道谢的。难道他连自己的管家都不如吗？这让善人非常懊恼，他回来质问他的管家，大家为什么这样对待他。

正直的管家说："那是因为我把他们当成跟我一样的人，我们互相热情问候，关怀彼此的生活，而您却高高在上，让他们觉得自己一文不值。他们的确受了您的恩惠，但是那并不代表他们就愿意为此看您的脸色。如果您想让他们真心道谢，那么就请先对他们微笑吧！"

善人听后虽然不置可否，但是他却决定试试看。他开始在上街的时候跟迎面而来的乡民微笑，并且试着跟他们打招呼。而这些乡民的热情也让他大为吃惊，他已经好几个月没有给乡民们任何"恩惠"了，可是他们再见到他却像见到亲人一样热情。他的美名开始被乡民们接受和传播，几乎所有的人都认为这位造福乡里的大善人就是上天给他们的福祉，并且在过节的时候竭尽所能将家里最好的东西送到善人府上……

尊重不仅仅是一种态度，也是一种能力和美德。要得到别人的尊重，就先要学会对别人尊重，这个道理是显而易见的。在人际交往的过程当中，尊重是一条非常重要的定律，只有真诚地遵守这一定律，才可能得到自己想要的东西，成为一个让人爱戴的人。

学会尊重别人是如此重要，但是如何让别人感觉到我们对他的尊重呢？除了必要的礼貌和问候之外，也许我们可以试着去记住别人的名字。

关于吉姆·佛雷有一个非常著名的故事。在他十岁那年，他的父亲因为意外而丧生，留下他和母亲及两个弟弟相依为命。父亲的去世让原本就不富裕的家境变得极度贫寒。为此，吉姆不得不辍学回家，他到砖厂去打工赚钱，以此来贴补家用。虽然吉姆的学历有限，但是凭借着爱尔兰人特有的坦率和热情，他无论走到哪里都非常受人欢迎。

后来，吉姆转入政坛。这位连高中都没读过的穷孩子，却在四十六岁时已经拥有了四所大学颁给他的荣誉学位，而且当时的他也高居民主党的要职，最后还担任了邮政部长。

对于他的成功，人们感到很好奇。一位记者问他成功的秘诀，吉姆回答说："辛勤工作，仅此而已。"

记者不相信地说："您这是在开玩笑。"

吉姆反问道："那么你认为我成功的秘诀是什么呢？"

记者笑着回答："我听说您能够一字不差地叫出一千个朋友的名字，这才是你成功的秘诀吧！"

"不，你错了！"吉姆立刻答道，"我可以叫得出名字的人，至少有一万人以上。"吉姆说这话的时候眼睛里闪烁着智慧和骄傲。

这正是吉姆·佛雷的过人之处，他是一个有心人，每当他刚认识一位新朋友时，他总是会先弄清楚对方的全名、家庭状况、所从事的工作，以及政治立场如何。接着吉姆会根据这些情况对他建立一个大概的印象，当下一次再见到这个人时，不管已经隔了多少年，吉姆仍能迎上前去像老朋友一样拍拍对方的肩膀，然后嘘寒问暖一番。他或者问问对方的家人近况，或者问问对方最近的工作情况。这种举动让对方有一种被尊重的感觉，不仅拉近了彼此的距离，也对这位有着超强记忆力及亲和力的人产生莫名的欣赏和崇敬。

吉姆非常清楚，人们对自己的名字和自身的状况是非常在意的，并且对那些在意自己的人表现出非常的友善。能够牢记别人的名字，并且准确无误地叫出来，对任何人来说都是无法抗拒的，因为这是对对方的尊重，对方自然也就报以同样的尊重和友善了。

一个人的姓名对于自身而言是非常重要的，因为他代表着独一无二的自己，是一个人的某种符号和标识，通过这个我们才能和别人区别开来，也才能让别人很容易找到自己。我们希望自己的名字被别人记住，因为这等于将自己的标签贴进了别人的心里，人们追求的"青史留名"正是为了要获得这样一种被记忆的尊重。既然大家都喜欢被记住，并认为这是对其尊重的表现，那为了显示自己对对方的尊重就用心去记一下吧。当你能在众人面前叫出一个只见过一次面的人的名字时，他对你将会感激不尽，而这对你的人际当然大有益处。

法则 52. 示弱不代表懦弱

示弱不是懦弱，而是一种在特定情况下 "识时务" 的表现。在力量相当的情况下，硬碰硬除了两败俱伤外，不会得到任何好处。聪明的人会选择用温和的方式来保护自己，让自己免受伤害。适时选择低头是为了日后将头抬得更高。

想必每个人都听说过"胯下之辱"的故事，作为西汉的一代名将韩信都能在卑微的时候懂得跟自己的敌人示弱，我们为什么非要昂着自己高贵的头跟对方硬碰硬，最后将自己撞得头破血流呢？

聪明的人是不会选择硬碰硬的，他们会像打太极那样去以柔克刚，用柔的方式来对付一切不利于自己的因子。柔是一种韧性，一种弹性。当别人对你恶言相向，拳脚相加时，不要冲动地以牙还牙，而应以温和缓解对方的冰冷，以柔韧应对对方的强硬。你的温柔反击不仅不会显示你的懦弱，反而会让别人感受到你不可侵犯的讯息，以后再遇到你时，言谈上就会有所收敛，甚至对你非常敬佩和尊重。

某位村长在带领村民修路时，一时疏忽不小心放炮炸石砸断了一家农户的梨树。而这棵梨树正是这家人的财源，于是主人拦住村长要求赔偿。

村长说："现在村里没有资金，秋后一定赔上。"但树的主人不答应，

气顺了人生就顺了

而且兄弟几个一拥而上，把村长痛打一顿。被打后村长一句话也没说，默默地回家自己包扎伤口。村民都为村长不平，纷纷要求严惩打人者。

第二天开村民会，闹事的人也觉得理屈，准备接受处分。

不料，村长竟开口做检讨："乡亲们，我还年轻，还需要大家帮扶。哪些工作我安排得不合理，哪些话我说得不恰当，还请大家担待包涵……"一席话下来，只字未提被打之事。

后来闹事的人找到村长，当面认了错："你是为全村，我是为自家，错在我！今后你说什么，我就做什么，全由你做主。"

可以看出，这位村长很懂得示弱的道理，他为了全村人的利益甘愿忍下个人的委屈。但是，他的忍让和退缩并非懦弱，而是坚强的表现，同时也是一种策略，一种以退为进、收买人心的策略。它表面是退缩，实质上是进攻，退的目的是为了更好地前进。好比拉弓射箭，把弓弦向后拉的目的是为了把箭射得更远。

当然，我们遇到事情时，并不能所有的时候都想得那么长远，很多时候我们只看到自己眼前所受的侮辱和委屈。如果我们能在委屈的时候承受下来，不在大家都激动的情况下做出过激行为，我们就能让自己变得更加冷静。这不仅有利于尽快将事态平息，也能让我们为自卫和反击做好更充分的准备。

晨间会议上，部门经理对数据处理员薇琪提出了严厉批评，原因是她所准备的会议数据竟然存有严重的漏洞，直接影响会议效果。薇琪被当众批评，顿时觉得无地自容。她平时工作卖力，做事一向认真细致，如此大的工作失误按理说不可能在她身上发生。但是薇琪当时并没有做过多的解释，因为经理正在气头上，而且当着全体员工的面立即为自己辩护或顶撞显然是不给经理面子，只会让事态更严重。所以，薇琪为自己的"失误"道了歉。

散会后，薇琪克制住自己的委屈，抹了抹眼泪去查阅存在漏洞的会议数据。原来，整理资料的当天薇琪被公司临时抽调至分公司工作，那些工作都是其他员工完成的。恰恰是别人整理的会议内容出现了严重失误，给公司造成了很大的损失。但是，这些责任并不能归罪到薇琪头上，她在无形中替他人背了"黑锅"。

　　得知这个情况后，部门同事纷纷替薇琪打抱不平，大家你一言我一语地出主意。一个人说："薇琪，你太委屈了，如果换成我，一定去董事长那里讨个公道。"

　　另一个人附和着："是啊，是啊，要我说，你去董事长那告经理一状，肯定能出气。"

　　听到同事的建议，薇琪摇了摇头说："部门经理对我的批评是由于他没有了解真正原因，我相信他不是故意的，以后我会找个恰当的机会将事情原原本本解释清楚。"

　　过了几天，薇琪找到了部门经理，将整件事的来龙去脉委婉地道出，经理恍然大悟，赶忙向薇琪道歉，薇琪也欣然接受了。

　　同事们得知后，对薇琪说："你真傻，部门经理平日待人刻薄，这次他犯了错怎么能轻易饶过他呢？应该抓住机会好好整治他一下，灭一灭他平日里的威风。"

　　薇琪笑了笑："退一步海阔天空，既然他已经道歉了，我就应该原谅。其实，大家能够在一起工作就是缘分，如果我不依不饶，良心上也过意不去。"

　　事后，这些话传到部门经理的耳朵里，经理打从心底喜欢上这个宽容大度的员工，在日后的工作中也开始对薇琪格外照顾，不久就将她提拔为部门经理助理。

　　薇琪的情况很多人在生活中都会遇到，每个人在遇到这种情况时都会满腹委屈和怨气。但是，如果我们因为自己受到不公正的待遇而选择立刻

气顺了人生就顺了

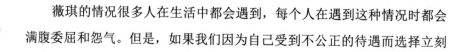

反击，很可能让自己在准备不足的情况下受到更大的伤害。而薇琪的做法毫无疑问是非常明智的，在对自己不利的情况下先选择示弱，然后等到事情搞清楚后，自己有绝对胜算的时候再选择"反击"。尽管这种反击显得有些"软弱"，但却是绝对有效的，不仅让对方知道自己的错误，而且还为自己以后的升迁打下了基础。

所以，在遇到对我们不利的事件时，一定不要选择硬碰硬，适时选择示弱既是对自我的一种保护，也是为我们的反击创造条件。而且敢于示弱，是需要勇气的，敢于示弱的人就是敢于面对自己的不足，敢于面对眼前的残酷。不仅如此，示弱更是一种以退为进的智慧。

法则 53. 幽默是人际交往的润滑剂

幽默如同温润的细雨、潺潺的流水和融融的春光，它能营造愉悦的氛围，把人与人之间的气氛变得愉快、祥和。在这样的环境中，烦恼会消散、痛苦会淡去、尴尬会忘记，人置身其中如沐春风。由此可知，幽默就是人际交往的润滑剂，它能让熟悉的人相处融洽，也能让陌生的人迅速成为知己。

林语堂先生说："幽默如从天而降的温润细雨、潺潺溪流或者是照映在碧绿如茵的草地上的阳光，将我们孕育在一种人与人之间友情的愉快与安适的气氛中。"

幽默是一种温柔的催化剂，让人在愉快的氛围中不知不觉地融合在一起，像磁石一样牢牢吸引住身边的人。几乎每一个成功的伟大人物，在思想深处都具有幽默的因子，这些因子让他们变得豁达而开朗，也将周围的人紧密地聚合在自己身边。

曼德拉曾经获得过著名的"卡马勋章"，在领取勋章的欧洲首脑会议上，曼德拉发挥了他一贯的幽默个性，赢得了一片掌声和赞扬。

在接受勋章的典礼上，曼德拉发表了精彩的讲演。他幽默地说了几句开场白："我现在所站的这个讲台是为总统们专门设立的，我这个退了休的老人今天还能上台讲话，并且抢了总统的镜头，我想我们的总统姆贝基一定非常不高兴。"这两句话顿时让典礼的气氛活跃了起来，人们沉浸在一片笑声之中。

在笑声过后，曼德拉开始正式发言，但是在讲到一半的时候，他不小心将讲稿的页次弄乱了，于是不得不停下来翻过来看。

这本来是一件非常尴尬的事情，但曼德拉却不以为然，一边翻阅一边随口说道："很抱歉，我把讲稿的次序搞乱了，你们必须要原谅一个老人。但是，我知道在座的有一位总统，他在一次发言中也把讲稿页次弄乱了，而他自己却完全没有发觉，照样往下念了下去。"这时，整个会场开始哄堂大笑，因为他们知道曼德拉又在拿他们的总统寻开心了。

结束讲话前，他又说："感谢你们把用一位博茨瓦纳老人（指博茨瓦纳开国总统卡马）的名字命名的勋章授予我，我现在退休赋闲在家，要是哪一天我穷得没有钱花了，我就一定把这个勋章拿到大街上去卖。我敢肯定我们在座的某一个人一定会出高价收购的，那就是我们的总统姆贝基先生。"

这时，坐在台下的姆贝基也情不自禁地笑出声来，开心地连连拍手鼓掌，会场里当然更是掌声一片。

这就是幽默的魅力，它不仅拉近了演讲者和听众之间的心理距离，打消了一位伟人原本的神秘感，更显示出曼德拉过人的智慧和高超的人际沟通能力。可以看出善于运用幽默制造出社交趣味的人，既能做人际关系的润滑油，又能散发出无敌的吸引力。不仅如此，还可以使自己的人际和工作更加顺利，即便是不能增加朋友，至少也不会树敌。

当然，你要相信幽默的人是有魅力的，因为他们充满智慧，会吸引着别人把目光和好感投注到自己的身上。所以，幽默的人往往八面玲珑、左右逢源，总能不动声色地化解矛盾，消除芥蒂；幽默的人无往不利，即使是批评他人，也会让人家乐于接受。

帕克经常迟到，老板忍无可忍地对他说："帕克！如果你再迟到一次，就准备打包东西、回家吃自己吧！"

帕克一听，心想："没了饭碗还得了？一定不能再迟到了。"于是，连着好几天他都起得很早。但帕克是一个典型的"夜猫子"，这天他又睡过头了，当他急忙地赶到办公室时，发现里面悄然无声，每个人都在埋头苦干，充满了暴风雨前宁静的气氛。一个同事朝他使了个眼色，示意老板生气了。果然，老板板着脸朝他走了过来。

没等老板开口，帕克突然笑容满面地用双手握住老板的手说："您好，我是帕克，我是来这里应聘工作的。我知道35分钟之前这里有一个职位空缺，我想我应该是来得最早的应聘者，希望我能捷足先登。"说完，帕克满脸自责又充满希望地望着上司，就像一个犯了错误等待大人原谅的孩子。

看着他的样子，同事们再也忍不住了，开始哄堂大笑。上司也开心地笑了，说道："那就赶紧工作吧。"

帕克的幽默化解了老板对自己的不满，保住了自己的工作。

帕克的幽默成功地化解了自己的危机，不仅保住了自己的工作，而且让自己和上司、同事的关系更加融洽。所以，当人们处于尴尬境地时，幽默往往会使大事化小，小事化无，它绝对能够让我们的人际关系更加和谐、融洽。

适当运用幽默能够在谈笑间消除人与人交往中的尴尬，迅速建立起别人对自己的好感。正如凯瑟琳所说："如果你能使一个人对你有好感，那么也就能使你周围的每个人甚至是全世界的人都对你有好感。只要你不只是到处与人握手，而是以你的友善、机智和幽默去传播你的信息，那么时空的距离便会消失。"

法则 54. 无谓的争论没必要

争论不会让你成为赢家，它有两种结果，一是你败下阵来，很显然你输了；二是你赢了，但其实你还是输了，因为你的胜利让对方不高兴了。无论如何你都伤了别人的自尊心，即使赢得了口舌之快但也得罪了对方，你让自己在这场争论中多了一个对手少了一个朋友，这不是输又是什么呢？

很多人喜欢逞口舌之快，喜欢让别人接受自己的观点。但是我们必须明白，每个人都觉得自己的想法和判断是正确的，强行让别人接受我们的观点势必会损害对方的自尊心。即使你取得口头上的胜利，却也让对方颜面无存，最后虽然嘴上不说什么，但在心里却会记恨你，跟你作对。就算对方是一个胸怀大度不跟你计较的人，对你也不会有什么好感。最终的结果是，你赢得了一场辩论，却失去了一份友情或一种支持，这对人际关系和事业的发展都是非常不利的。

皮埃尔是纽约一家木材公司的推销员，他曾多次当面指责顾客的错误，跟他们进行辩论，试图让客户知道他才是正确的。但是多次争论之后，他从中获得了很多深刻的教训。皮埃尔说："对顾客进行当面指责是一件非常可笑的事。你可以赢得辩论，但是也让自己卖不出任何东西。那些苛刻的木材检验员，思想顽固得就像赛场上的裁判，即使判断错误也绝不悔改。"

一天下午，皮埃尔刚上班，电话铃就响起来了。皮埃尔拿起听筒，一个愤怒的声音就从电话的另一头传了过来，对方抱怨他们送去的木材大部分都不合格。

皮埃尔听后立即开车到对方的工厂去，他大概了解问题的所在。要是在以前皮埃尔到了那里就会得意洋洋地拿出《材级表》和《木材等级规格国家标准》，引经据典地指出对方检验员犯了哪些可笑的错误，然后斩钉截铁地断定自己所供应的所有木材都是合格的。

然而多次的吃亏使皮埃尔知道，顾客是自己的上帝，不管自己的知识和经验多么丰富，也不管自己的判断多么的正确，最终争论的结果依然是按照顾客的意思办事。

因此，当皮埃尔见到板着面孔的供应科长和面有愠色的木材检验员后，根本不提木材质量的事情，也没做过多的辩解，而是笑了笑说："让我们一起去看看吧。"

到了现场之后，皮埃尔请检验员把不合格的木材挑选出来，摆在一边。没多久皮埃尔就知道问题出在了哪里，除了检验员检验太严格之外，最重要的是他把检验杂木的标准用于检验白松木。但他并没有立刻指出检验员的错误，而是反复谦虚地向检验员请教，他认真倾听检验员诉说木材不合格的理由，并表示今后送货时能完全满足对方工厂的质量要求。

皮埃尔的态度使检验员的脸色慢慢恢复了正常。他看准时机小心委婉地提醒了对方几句，当检验员发现是自己弄错之后，开始觉得有些难为情，然后态度变得谦虚起来，他向皮埃尔请教相关的技术问题。皮埃尔这时才谦虚地解释，运来的白松木是全部符合要求的。皮埃尔在解释的同时还不忘强调，只要对方认为不合格，这些木材还是可以拿回去调换的。

检验员终于承认了自己的错误，他承认是自己将木材等级搞错了，而且按合约要求，这批木材的确全部合格。

最终，皮埃尔收到了一张全额支票。

在这种情况下，争论显然是没有任何作用的，即使当时皮埃尔告诉对方是他弄错了等级，对方也不会承认，只能使事情陷入僵局，这时如果再争论下去是完全没有意义的。但如果采取温和的手段，用委婉的语气让对方自己发现自己的错误，那么结果就将是完全不同的。

在生活当中，我们每个人都会遇到类似的情形，如果我们只为了争一时之气而让对方陷入尴尬，显然是不明智的。正如班杰明•富兰克林所说："如果你总是争辩、反驳，也许偶尔能获胜，但那是空洞的胜利，因为你永远得不到对方的好感。"

富兰克林也是在意识到自己的这一问题之后才决心改掉争论的坏毛病，最后成为美国历史上最友善、最圆滑的外交家，而改掉这一毛病的富兰克林也有自己一套行之有效的方法。

富兰克林在年轻的时候也是个冒失冲动的年轻人。

一天，教友会的一个老朋友把他叫到一边严厉地批评了他："班，你知道吗，你太不像话了，你已经将所有跟你有不同意见的人都伤害了。你太突出个人的意见，而且你的态度实在让人无法接受。朋友们都觉得，你不在场的时候他们反而更加自在。你太爱争论了，而且语言太过偏激，现在没有人能再教你什么，也没人再打算跟你说些什么了，因为他们觉得那样不但白费力气，而且还会惹得自己不高兴。如果你再这样下去，任何新的东西都不可能学到了。"

这次惨痛的教训之后，富兰克林变得明智、成熟起来，他意识到自己的人际关系正面临着危机。于是，他改掉了傲慢又争强好胜的坏习惯。他说："我给自己定下了一个规则：不要面对面地直接反对别人的意见，也不要太武断。我甚至不让自己在文字或语言上措辞太肯定。我不再用'当然'、'毫无疑问'等词汇，而改用'我想'、'我假设'，或'我想象'等词汇。当别人在说一件我不认同的事情时，我不会立即反对他。我会说在某种情况下他的意见是对的，但现在我有稍微不同的意见，大家商量一下……"

尽管刚开始采用这些方式的时候，富兰克林也觉得这并不符合自己的个性，不过随着时间的推移，这渐渐地成为他的习惯。在以后的几十年中，没有人再听到他讲出太武断和激烈的话。这个习惯也让他得到尊重，让他在议会里更具影响力，他提出意见也得到了广泛的支持。

喜好争论并不是一件好事，一个人的成功不是靠嘴上的功夫获得的，喜好争论只能让我们听不进别人的意见，也让别人的正确想法被埋没。富兰克林正是意识到自己的这一缺点，才决心改变。富兰克林明白要解决问题或者获得支持，要做的必定不是指责、质疑和挖人伤疤，而是用真诚的态度去倾听、赞同和诱导。

当我们的意见让别人心悦诚服地接收时，我们传达出去的不仅仅是个人的态度和信息，更是一种寻求合作和交流的声音，听到这个声音的人会欣然成为你人际关系中非常重要的一员。

气顺了人生就顺了

法则 55. 用平和赢得和平

心态平和的人拥有一颗善良谦虚的心，使自己在何时何地都懂得如何保护自己，令自己远离伤害。人们与平和的人相处则会感到舒适、放松，而平和本身也能影响别人，让原本火药味十足的事件转危为安。

平和的心态带给人的是一种心灵的宁静，让人不会因为坏情绪而让自己的生活处于波涛汹涌之中。另外，平和的人看上去虽然波澜不惊，但是却具有一种强大的力量，那就是他的包容，这种包容让人看到的是一种宽广和辽阔。

在这样一种氛围中，人们最容易放松自己紧张的神经，任何争端与怨气也都会瞬间化为乌有。

这是发生在越战初期的一个故事。当时有一个排的美国士兵与越南军队在一处稻田展开激战。交战正酣的时刻，对阵双方的中间地带，也就是战火最密集的地方突然出现了六个和尚，他们在枪林弹雨之中十分镇定地一步步穿过战场，走到对面去。

后来，美国兵戴维·布西在回忆当时的情景时写道："那群和尚目不斜视地走过去，奇怪的是竟然没有人向他们开枪。当他们全都走过去以后，我突然觉得自己一点战斗情绪都没有了，至少那一天是这样的。我想，其

189

他人也一定有相同的感受，因为所有人都不约而同地停了下来，包括我们的敌军，大家都不打了，就这样休战一天。"

这些和尚没有做任何事情，但是他们显然比做了任何事情都重要。他们处变不惊的态度和平静安详的神态，让激战正酣的士兵变得安静下来，不约而同地停止战斗，因为士兵此时的心灵已经回归到一种平和的状态当中。和尚用自己的平和换得了和平，尽管这种和平很短暂，但是在当时的那种情况下，他们的确制造了一个非常好的氛围，这种氛围给了生死边缘奋力挣扎的人们一丝曙光。

这当然是个极端的例子，但情绪的感染力的确是如此无所不在的，在每一次人际接触时，人们都在不断传递情感的信息，并以这些信息来影响对方。

心态平和的人传递给别人的当然是一种平和的心态，这种平和传达的是一种和平友好的信息，至少不会让人觉得危险或者担心受到伤害。在这

种信息的感染下，人们往往更愿意去接近和交流。平和的心态是人际交往中非常重要的一种手段，因为它能给我们带来更多的友情、信任和力量。

曼迪是一个非常优秀的女孩，不仅聪明漂亮，而且工作也很出色，可是她直来直往不加掩饰的个性，让她在职场升职中吃了大亏。

公司刚刚公布了外派培训的人员名单，一位在同事们眼中业绩并不怎么突出的女同事榜上有名，这让曼迪感到十分吃惊。

因为论业绩、论能力或者论资历，曼迪都胜过那位同事一筹。通过比较种种因素，曼迪觉得自己才是这次外出培训的最佳人选，于是直接来到上司的办公室，把自己的优点与外派女同事的不足一一列举，并质问上司为什么不派自己去学习。

曼迪理直气壮且咄咄逼人的话语令上司既难堪又尴尬，于是找了一些冠冕堂皇的借口将她打发走了。

从上司办公室回来，曼迪开始反省，为什么做事不慌不忙的女同事自从入职开始就好运连连，而自己却不行呢？原来是自身的性格使然。曼迪的性格直率不懂得掩饰，遇到分歧时，常常不顾他人情绪直接对别人加以否定，过于情绪化的她就是在不知不觉中犯了职场的大忌。

而另一位同事则是温文尔雅，不论做什么都波澜不惊，对每一个人都亲切温和，虽然自己在外派培训这件事情上对她意见颇多，但是不可否认，自己跟她在一起时也同样感觉如沐春风的，也很喜欢跟她一起工作，因为感觉很踏实。

所以，并不是能力突出、业绩优秀就可以平步青云、左右逢源，如果人际关系处不好，那么再怎样努力工作都会落得吃力不讨好，"竹篮打水一场空"的下场。自己这次直接质问上司的做法，无疑给上司留下了不好的印象，假如采取委婉的方法，向那位同事学习用平和的态度与上司沟通，也许得到的是另一种结果。

平和的人遇事往往会仔细思量，不会感情用事，这样处理工作和生活中遇到的问题，不仅有利于事情的解决，也会给周围的人留下良好的印象。

培养平和的心态就是尊重客观现实，不高估或低估自己的能力。喜怒不形于色，胜败不萦于心，顺其自然，远离侥幸和虚妄心理，不苛求事事完美。

做一个平和的人，经常让自己处于轻松状态，让淡泊的心境和淡定的态度帮助自己平定生活中的是非恩怨，在赢得和平的同时，也为自己的人生编织出一个美好的未来。

气顺了人生就顺了

Chapter 6 ↗

有**志气** 才能 **争口气**

想要争气，就得先有志气。有志者事竟成，志气给了我们远大的理想和坚定的信心，这些都是成功的必备要素。如果想拥有炫目的成功，没有志气是万万不行的。

法则 56. 要争气就得有志气

每个人都想争一口气，做给别人看，也做给自己看，至少可以证明自己这一生没有白活。这当然是一个美好的愿望，但是这个愿望的实现需要一个前提，那就是我们要有志气。所谓"有志者事竟成"，唯有让理想与抱负"住进"自己的心里，我们才能坚定地朝着自己的目标迈进。

你也许出生在一个生活窘迫的家庭、没有聪明敏捷的头脑、没有天赋异禀的才华，但是你却拥有一腔热血。

正是这一腔热血，激励着我们在逆境中前行，无论遇到任何艰难险阻都有一种信念在支撑，让我们披荆斩棘走向成功，这就是我们的志气。对于每一个想要争气的人，它是必不可少的，而拥有它的人才能坚定地奔向成功。

伟人之所以伟大，是因为他拥有比别人更强的志气，当他与别人共处逆境时，即使别人失去了信心，他仍然能够下决心实现自己的目标。

有一位常胜将军，每次作战都胸有成竹，充满自信，即使是再难打的仗，他都能带领自己的士兵杀出一条血路，取得最后的胜利。原因就在于这位将军有一枚能给他以及手下士兵带来好运的金币。

每次作战时，将军都会在一座寺庙前集合所有将士，告诉他们："我们今天就要出阵了，究竟打胜仗还是败仗，我们请求神明帮我们做决定。我这里有一枚金币，把它丢到地下，如果正面朝上，表示神明指示此战必定胜利；如果反面朝上，就表示这场战争将会失败。"

每当听到这番话，部将与士兵都会虔诚祈祷，并且磕头礼拜，求神明指示。神明仿佛总能听到他们的心声，每次将军将这枚金币朝空丢掷落地后，金币总能正面朝上。

于是，士兵们立刻就会变得欢喜振奋，认为神明指示这场战争必定胜利。当部队开到前方时，士兵们个个都信心十足，奋勇作战，果真打了胜仗。

这枚幸运的金币一直伴随着常胜将军打了很多年的胜仗，直到他不再做将军。他的部将在他临走时问："将军，您要走了，以后我们再也没有幸运金币和神明的保佑了。"

这时，将军从怀里拿出那枚金币给部将看，才发现原来金币的两面都是正面。常胜将军对自己的部将说："我们的志向是打胜仗，只要士气高涨，充满必胜的信念和志气，还有什么赢不了的呢？我手中的金币只不过是让你们拥有这样坚定的志向和信念罢了……"

所谓志气就是前进的决心和勇气。三军可以夺帅，匹夫不可夺志也！常胜将军明白这个道理，所以让士兵们相信自己能赢，进而产生勇往直前的信念，即使遇到再强大的对手也能自信满满地打败他。

那些成功人士的身上都隐藏着一股巨大的力量，那就是他们的志气。一个人因为有了志气，才能将潜藏意识中的智慧和勇气激发出来，从而获得财富和事业上的成就；一个人因为有了志气，才能挺起胸膛面对那些困难，最终让自己成为那个期望的自己。

著名的丹麦物理学家波尔从小就期待着自己能够成为一名出色的科学家。但是波尔并不是一个聪明的孩子，他从小就反应迟钝，总是比其他学生慢半拍。比如在看电影的时候，他的思路总是跟不上电影故事情节的发展，便喋喋不休地向身边的人提问，结果弄得周围的观众对他厌恶至极。

在科学的问题上他也没能好到哪去。有一次，一个年轻的科学家向大家介绍了量子论的新观点，在场的所有人都听懂了，但是波尔除外。他没有听懂年轻科学家的阐述，于是提出很多疑问，年轻的科学家只好又重新再向他解释一遍。

尽管如此，波尔却从来没有降低过对自己的期待值，虽然在他成功之前有那么多的人对他从事这一行产生质疑，但是他却从来没有放弃过自己的信念。波尔无疑是个有志气的人，他不相信自己不会成功，为此他愿意付出自己的努力，即使遇到了挫折他也总是不断地去激励自己继续走下去。

波尔用勤学好问来弥补自己反应迟钝的缺点，对没弄懂的问题和没有理解的问题从不掩饰，会接二连三地提问，直到自己弄懂为止。即使这样做引起了旁人的厌烦，他也并不在乎，因为在他眼里别人的鄙视和受到的挫折与实现自己的理想简直不值一提。波尔说："我不怕在年轻人面前暴露自己的愚蠢。"正是这位"愚蠢"的科学家，在 1942 年成为诺贝尔物理奖的获得者。

波尔无疑是一个心怀大志的人，而一个立志取得成功做出成绩的人，是不会被前进路上的任何艰难险阻所吓倒的。有志气的人相信自己可以做到，并且为此付出巨大的努力，他们有理想，并且有实现理想的志气，所以能获得成功。

在现实生活中，我们不能只把争气当成挂在嘴边的空谈。要想出人头地，我们必须让自己去做，而做的前提就是我们必须要有决心、有勇气，这就是我们的志气。拥有了它，我们就拥有了前进的动力，并且是源源不断的动力。

法则 57. 命运就在你手中

每个人的双手都有着不同的纹路，掌心之中的纹路就如同我们自己，只有牢牢地掌握自己，尽量将所有纹路都控制在自己接受的范围内，才能将多舛的命运转变为美好的命运，从而赢得想要的人生。

命运似乎是一种虚无的东西，但是却真实地发生在每个人的身上。

正如别人所说，很多事先天注定的是"命"，但你可以决定怎么面对的是"运"！而命运的最佳诠释是：只有懂得如何掌握你的"运"，才能改变你的"命"。如果这个世界上真的有命运之神存在的话，那么命运之神就是我们自己。

一次，阿瑟王被邻国的伏兵抓获，邻国的君主被阿瑟的年轻和乐观打动，没有立刻将他杀死，而是决定给他一个机会，只要回答出一个非常难的问题就能重获自由。阿瑟可以用一年的时间来思考和寻找这个问题的答案，如果一年的时间不能找到答案，他就会被处死。而这个问题是——女人真正想要的是什么？

这是一个令先知都难以回答的问题，何况年轻的阿瑟？但是为了重获自由，阿瑟还是接受了国王的问题，并答应在一年的最后一天给他答案。

阿瑟回到自己的国家，开始向每个人征求答案。一年的期限快到了，阿瑟问了公主、妓女、牧师、智者、宫廷小丑，但没有人可以给他一个准确的答案。最后，有人告诉他，有一个老巫婆可能知道答案。阿瑟别无选择，只好去找巫婆。

巫婆答应回答他的问题，但他必须首先接受她的条件：她要和阿瑟王最高贵的圆桌武士之一，他最亲近的朋友加温结婚。听到这个条件阿瑟王惊骇极了，这个巫婆驼背，丑陋不堪，只有一颗牙齿，身上发出臭水沟般难闻的气味，而且经常制造出猥亵的声音。

可以说，见多识广的阿瑟从没有见过如此丑陋不堪的怪物，他不忍心强迫自己的朋友娶这样的女人，便拒绝了巫婆提出的条件。但他的朋友加温却对阿瑟说："我同意和巫婆结婚，没有比拯救阿瑟的生命和捍卫圆桌更重要的事情了。"

加温和巫婆定亲后，巫婆回答了阿瑟的问题：女人真正想要的是主宰自己的命运。

这个答案让所有的人都点头称是，因为巫婆说出了一个伟大的真理，于是，邻国的君主放了阿瑟王，并给了他永远的自由。但是，事情远没有结束，加温仍然要和丑陋的巫婆结婚。他一如既往的谦和，而巫婆却在庆典上表现出她最坏的行为：用手抓东西吃，打嗝、放屁，让所有参加婚礼的人都感到非常恶心。

新婚之夜对于加温来说应该是最难熬的，但他依然选择了面对，并勇敢地走进新房。

令人不可思议的是新房里的女人却不是丑陋的巫婆，出现在加温面前的是一个他从没见过的美丽少女，她半躺在婚床上对他微笑。加温吓呆了，问究竟是怎么回事。

美女回答："加温，我就是那个巫婆。既然你不嫌弃我的丑，那么我就应该对你好些。在一天的时间里，一半是我可怕的一面，另一半是我美丽的一面。加温，你想要我美丽的一面在何时出现呢？"

对任何一个男人来说，这都是一个令人纠结的难题。如果在白天向朋友们展现一个美丽的女人，那么夜晚他自己将面对一个又老又丑如幽灵般的巫婆；如果在晚上自己选择一个美丽的女人共度良宵，那白天他只能带一个丑陋的妻子出现在众人面前。

对于这个两难的问题，加温最后选择了第三种答案，他对妻子说："既然女人最想要的是主宰自己的命运，那么这个问题就由你自己决定吧。"

女人当然希望自己无论何时都是美丽的，于是巫婆选择白天夜晚都是美丽的女人。加温因此得到了一个美丽的新娘，巫婆因此主宰并改变了自己的命运。

在很多时候，人们都认为自己的命运是由别人和外物所控制的，于是便放弃了主宰自己的权利。我们当然不能像巫婆那样拥有瞬间令自己变美的法力，对于命运的主宰更是需要莫大的勇气和努力。不要等别人去安排你的人生，也许他们会很忙，而且未必就能安排得好。你终究是属于自己的，没有人可以真正对你的人生负全责，哪怕是你最爱的人和最爱你的人也不行。

所以，如果你想过好自己的人生，那就要学会主宰自己的命运，即使它会让你失败，那也是属于你自己的人生。这样，当你生命将尽时才不会后悔，因为你拥有了属于自己的命运。你不需要问自己是谁，未来会怎样，你是你自己的，这一切自己决定就好。

无臂画家杜兹纳在一次宴会上拜法国著名画家纪雷为师的场面，让在场的所有人都很震惊。身材矮小又失去双臂的杜兹纳很有礼貌地走向纪雷，然后深深鞠躬，他请求纪雷收他为徒。看到一个连手都没有的人来拜自己为师，纪雷委婉地拒绝了。

但是杜兹纳不灰心，他对纪雷说："我虽然没有双手，但我有双脚。"

他让主人拿来纸和笔，自己坐在地上用脚趾夹着笔认真作画，令人惊奇的是，他画得很好，可见他对此下过一番苦功。这让所有在场的人都肃然起敬，纪雷看到后也非常高兴，毫不犹豫地收下了这个徒弟。

从那以后，杜兹纳更加用功，几年之后便已经是闻名天下的无臂画家了。

之所以有好的命运和坏的命运之分，是因为人对命运做了不同的诠释和把握，正如拿破仑所言："我成功，是因为我志在成功。"通过杜兹纳的故事我们不难发现，不管我们的命运多么的不幸，但每个人的世界都是掌控在自己手里的，即使你没有双手也是一样。因为你就是自己的命运，所以你要相信自己，然后充分认识自己，发挥自己的潜能，很快你就会发现自己已经具备了赢得精彩世界和完美人生的好运。

气顺了人生就顺了

法则 58. 改变命运从改造自己开始

小的时候我们以为自己可以改变整个世界，长大之后却发现自己根本无能为力。是什么让我们的思想变得如此僵化和颓废呢？我们的人生真的就已成定局无法改变了吗？当然不是！如果我们觉得自己的命运并不像自己想象的那样好，还需做一些改变，那么唯一的方法是先改变自己。只有你自己改变和提升，你的世界才可能改变。

命运是掌握在我们自己手中的，这一点毋庸置疑。但是作为命运的主宰，很多人却似乎过于懒惰和随波逐流了一点，只知道保持现状，势必会将自己的运气用光。想要改变这种状态就要先从改变自己开始。你会发现对自我的改造可能是你人生当中最有趣、最神奇和最自在的事情，当你尝试一种新的理念，用新的思想去开始新的生活时，你很有可能就此超越过去，成就新的自我。

霍桑一直都希望自己可以考上大学，因为这是自己父母的期望。然而，他从小到大都不是一个聪明的孩子，甚至可以说他的智商偏低。尽管他用了大量的精力和时间去学习，但是他的各科成绩依然还是不及格。几乎所有认识霍桑的人都认为，他一定考不上大学。

大家的想法应验了，霍桑不仅没有考上大学，甚至在考试之前就辍学了，因为学习对霍桑来说实在是太难的一件事了。霍桑对此一直很愧疚，这让他生活在忧郁和自责之中，觉得自己的父母一定会因为自己没能考上大学而非常失望。

尽管如此，生活还是要继续的，为了生存，霍桑在辍学之后开始为一个富商打理他的私人花园。

工作之后的霍桑渐渐从忧郁中走了出来，他明白自己不能一直这样下去。他在心里对自己说："是的，我的确不够聪明，可是我也不是痴呆儿。虽然我对自己的智商无可奈何，但是总有一些东西是可以改变的。我到底能改变什么呢？没错，我能变得不自卑，我能变得勇敢。还有，既然我已经注定天生愚钝，那我为什么还要承担不幸所带来的忧郁呢？至少我可以让自己活得快乐一些。"

经过这番思考之后，霍桑真的变了一个样子，无论做任何事情，他总是能够看到好的一面。

一天，霍桑进城去办事，当他走到市政厅后面的时候，霍桑看到一位市政参议员正在跟别人说话，在距离参议员不远处，有一片满是污泥浊水的垃圾场。霍桑心想："这不应该是一块肮脏的垃圾场，它应该是上面开满鲜花的草坪才对。"

于是，他勇敢地走上前去对参议员说："先生您好，如果您不反对的话，我想把这个垃圾场改成花园。"

参议员看着霍桑礼貌地说："你的建议非常好，但是你要清楚市政厅是拿不出这样一笔钱来让你做这件事情的。"

"我不要钱，"霍桑笑着说，"你只要答应这件事由我办就可以了。"

参议员感到非常吃惊，他以前可从来没有碰到过这种事情，哪有做事不花成本的呢？但是，他从霍桑的眼里看到了真诚，于是认真地听取了他的想法，觉得霍桑的主意非常棒，遂答应了他的请求。

从第二天开始，霍桑便每天拿着工具，带着种子和肥料来到这块满是烂泥的垃圾场，他非常有自信能让这片污泥开满鲜花。

霍桑的举动很快引起大家的关注，尽管人们觉得他的做法很傻，但还是不得不佩服他的自信和勇敢。没过多久，就有一位热心人给他送来了一批树苗，他所工作的富商家允许他到自家的花圃剪玫瑰插枝。一家颇具规模的家具厂得知这一消息后，表示愿意免费提供公园里的长椅，只要霍桑允许他们在这些椅子上发布自己工厂的广告。这是对双方都有好处的事情，霍桑自然不会拒绝。

通过霍桑的努力，这块泥泞的垃圾场竟然真的变成了一座漂亮的公园，那里有绿草如茵的草坪，有曲曲折折的小径，有开满鲜花的玫瑰园，人们在长椅上坐下来，还可以听到清脆的鸟鸣声……

眼前的一切让所有的市民都感叹不已，大家都在说，有一个小伙子办了一件了不起的大事。这个小小的公园就像一个生动的展览橱窗，霍桑不需要说任何东西，就已经展现出自己在园艺方面的天赋和才能。

很多年过去了，霍桑成为全国知名的风景园艺家。虽然他没有考上大学，却从一件并不起眼的事情中发现了自身的价值，并且从中获得了事业上的成功。霍桑年迈的父母为自己能有这样一个优秀的儿子而感到无比骄傲，虽然他并没有像他们所期望的那样考上大学，但是他却在自己的天地里独树一帜，让人们感受到了他的出色。

霍桑的智商无疑是很低的，可是智商的不足并没有阻止霍桑的成功，他的成功来源于对自身的改变。霍桑调整了自己的心理状态，然后乐观认真地去过自己的人生，于是他的人生自然也乐观认真地去对待他了。

我们经常在问自己，我究竟是怎样一个人？我究竟能获得怎样的成就？为什么我不能像别人那样优秀？那是因为我们已经沉浸在现有的角色中无法自拔，我们为自己的生活设定了限制和关卡，我们认定这就是自己，而不愿意有所突破和改变。可是当我们用实际行动做出切实的改变时，我们就会发现自己的命运不只如此。

法则 59. 做你能做和想做的事

宝石不被识别出来就与石头无异，很多人不成功，并不是因为他不够优秀，而是没有把自己的优秀用对地方。在这个世界上任何事情的成功都是有条件的，而先决的条件是你能将这件事做好。

你是否每天都在无精打采地做着自己不喜欢的事情？你是否厌倦了目前所从事的工作或者自己的生活状态？你是否觉得自己总是力不从心？因为各方面的原因，你不得不把自己现在的事情做好，所以费了好大的力气才把该做的事情完成，但是这并不能带给你任何成就感，对于你而言这些都只不过是一种谋生的手段而已。

现实生活中，我们常常是这样，为自己不喜欢的工作浪费了大量的时间，但这些事情并没有促成我们的飞跃，也没能为我们带来任何成就，我们除了能从中得到些许劳动的报酬之外，并没有其他的好处。

曾经有一位还不错的工程设计师就是这样，他并不喜欢自己的工作，一直想要转行，然而却迟迟下不了决心。因为工程设计是他的专业，他已经学了二十几年，而且这份工作他也可以胜任，如果突然换一份别的工作，他也许会无从下手，觉得很不适应。而且，他并不能保证在换过工作之后就能做好。他只知道自己对目前的工作并不满意，可是他又不知道什么才是自己真正喜欢的。况且现在的这份工作关系到他的生计问题，不能为此而冒险。

每个人都会对未知的事情有所顾虑，尤其是当我们并不知道能做什么、适合做什么、做什么可以让我们开心的时候，就更是如此了。所以，我们一方面强调要改变自己的人生格局，另一方面还应知道自己究竟往哪里改才合适。这方面如果我们自己都没有把握的话，可以向专业人士去请教，这样至少会让你有一种被支持的感觉，不会在迷惘之中蹉跎岁月。

有一个大学生毕业后在一家出版社当编辑，编了几本书，可是书的销售反响并不怎么好，发行量也只是勉强收回成本而已。而且在那个过程中，他筹划了几个月，先期也投入了几个案子，因为合作不善最终导致流产。所以，原本话就不多的他变得越来越内向，不愿意与人沟通，也变得不再相信别人，不管什么事情都要亲力亲为。

而且他在一些具体工作的细节上，不管是对自己还是对其他人要求都非常严格，变得非常苛刻，结果搞得同事们都不愿意跟他共事，主管对他的做法也不再认同。本来就很敏感的他，也知道是自己出了问题，但是却无力解决，内心极其痛苦。

朋友了解他的情况后，建议他去找职业顾问聊一聊，或直接去看看心理医生。内心敏感的他并不想让别人觉得自己有病，但是对于职业顾问的建议他倒是愿意接受，于是在一个周末的下午，他满怀犹豫和不安找到了职业顾问。

职业顾问听他说了两三句话后，就对他下了一个评语：你不太相信别人，只相信自己。他愣住了，不明白职业顾问为什么会在如此短的接触后就能一语道破天机，指出他的症结所在。

接下来，职业顾问进一步为他作出了诊断并开出了"药方"：你是一个完美主义者，对自己和他人都有很高的要求。当然你也是一个非常聪明的人，对人对事充满了好奇心，具有非常好的创造性思维。所以，你不适合从事需要与很多人沟通合作的工作，你可以去尝试一些独立性比较强的职业，比如画家、雕刻家、平面设计等等。尤其是平面设计，现在的社会需求很大，你可以用自己的业余时间先去做些相关的培训，看自己是否对此有兴趣。

听了职业顾问的一番话，他内心犹如被点亮了一盏明灯。其实，他很小的时候就对美术感兴趣，非常有绘画天赋，只是后来选择了其他专业当上了编辑。

半年之后，他再次来到了职业顾问的工作室，这次的他简直与之前判若两人，笑容一直挂在他的脸上，他不停地讲述着自己的成功。原来，自从半年前听了职业顾问的一番精确分析后，他就辞职去了一家平面广告设计公司。他先是自己摸索着掌握了计算机设计软件的操作，凭着扎实的美术功底和苛求完美的精神，再加上工作十分认真负责，凡是他设计的广告，都会受到客户的称赞。最近，他已经被升职为设计部主管了。所以，这次他特地跑来对给予过他帮助的职业顾问说声"谢谢"。

每个人在追求成功的道路上所花的力气是不一样的，这取决于你是否把自己过人的才能用对了地方。我们必须先真正了解自己，认识自己真正的潜力所在，才能更好地掌握自己的命运。我们要相信自己的能力，但同时也要相信在这个世界上并不是所有的事情都是我们能够做到的，别人可以办到的你未必办得到，相反，别人办不到的，也许你可以做得很好。

　　与其将时间浪费在你不擅长和不热爱的事情上增加自己的苦闷，不如正确认识自己，发现心底的渴求，而后去创造属于自己的奇迹。我们每天都有许多事情值得去做，但有一条原则不能变，那就是一定要做你真正想做的事。

法则 60. 人生本身就是一种创造

你是自己生活的创造者，也是唯一可以对自己"作品"负责的人，如果想让你的人生变得与众不同，就要努力去创造。

人生本来就是一种创造的过程，所以我们不能让自己沉浸在乏味无聊当中，我们想让自己的人生变成什么样子，它就能变成什么样子。人生是我们自己的作品，它需要我们展开想象，付诸行动，用心呵护。每个人都有创造自己人生的权利，而且只要你肯去想，就能让它变成现实。所有的客观条件都不能阻碍你，因为当你想要去创造一个全新的人生时，你就会给自己的人生找到出路。

有一位成功的女性讲述她自己的故事。

二十一岁时，我遇见一个男人，他问了我一个问题："如果能做自己想做的事，你想做什么？"

回答这个问题不难："我想回学校读书。"

但我怀疑自己是否有完成这个目标的能力，我曾经是个高中辍学生，还有药瘾，对我而言，这表示我永远无法完成大学课程，更不用说拿到学位了。

但是这个男人对我的怀疑和恐惧一无所知，所以他开车载我到一所当

气顺了人生就顺了

地的小区大学，在停车场让我下车，指着入学许可办公室告诉我，如果我走进那间办公室，并填好表格，我就是一名大学生了。

我愣住了，我不认识这个人，以前我从未见过他，之后我再也没有见过他。但是，我走进入学许可办公室，并填好表格。我交了表格，然后回家。

当我填好表格时，我不知道自己要如何养活自己，或是要拿什么来付学费和书费。我怀疑自己是否够聪明，考试是否能够及格，但是一旦我采取了第一个步骤，后续的步骤自然就定位了。

我找到一份时间有弹性的工作，可以配合学校的课程，而且我还找到一个负担得起的住处。我学会使用像财务补助和当家教等资源，因此我能够留在学校继续读书。我在课业上表现杰出，拿到三个奖学金，好几次都登上荣誉榜。

这位女士的成功无非来自于她的敢想敢做，尽管她自己也曾有过诸多的顾虑，但是最后这些都被她一一克服了，于是她创造了自己的人生，造就一个完全不同的自己。

人生就是这样一个创造的过程，有时候连我们自己都不知道它会变成一个什么样子，但是当我们拥有梦想，并且去付诸行动的时候，我们就会让它发生改变。

在这个过程中，所有的困难都会为我们让路。只要我们愿意去做自己人生的雕塑师，我们总能为成功找到一条坦途。

至于怎么创造，你也许可以试着这样去做：想象自己拥有所有达成梦想的必要资源，金钱和时间并不是障碍。你会做什么？把答案写在一张纸上，不要对答案做任何批评或怀疑，问自己：要让这件事成真，我必须做些什么？

往目标的方向前进一小步，冒险也不会有什么损失。你或许会发现自己以前从来都不知道的资源，或许在努力探寻目标的过程中对自己目前所拥有的有了认识，对自己需要什么来实现目标会有更多的了解。

如果能做自己想做的事，你想做什么？如果你能够思考自己想做的事，如果你能够梦想自己想做的事，你就可以让它成真。只要你大胆地想象，并坚持不懈地努力，你就会更深刻地体会出意念的神奇力量，创造出属于自己的快乐，最终让自己拥有成功的人生，成为一个幸福的人。

气顺了人生就顺了

法则 61. 拥有梦想并坚持梦想

梦想是一种最奇妙的力量，也是存在于宇宙之中最不可抗拒的力量。只要我们拥有梦想，我们就有动力让自己展翅高飞。

在美国航天基地有一根巨大的圆柱，上面镌刻着这样的文字：If you can dream it, you can do it. 这句话的意思是：如果你能够想到，你就一定能够做到。

梦想就是我们人生的指引，因为我们想到了，所以我们就能够将其实现。

梦想是人生中一笔珍贵的财富，在人生的前行中能产生无穷的动力。一旦你拥有了梦想的动力，你就等于在生命中插上了美丽的翅膀，它将带着你展翅翱翔，创造属于你自己的人生辉煌。而那些经常说"做不到"的人将永远蜷缩在失败的角落。梦想的衍生物就是希望，就是财富和成功。梦想有多重要，只有拥有它的人才能真正体会到。

吉米·马歇尔是一位职业橄榄球运动员，他一度被视为职业橄榄球界中最难击败的人。因为在橄榄球运动的王国里，一个人一旦到了三十岁，就已经被人们视为"老年人"了，而吉米直到四十二岁时还担任橄榄球手。

从吉米正式成为橄榄球运动员的那一刻起，一共经历了 282 场比赛，

211

而这 282 场比赛从未失败过。著名的橄榄球四分卫佛朗·塔肯顿说吉米是"在任何运动中，我所认为的最有意思的运动员"。

当然，吉米的一生并不是一直一帆风顺的，他也经历过很多的灾难，有些甚至让他差点丧命。在一次大风雪的天气里，和他一起出游的所有同伴都死了，只有吉米幸存了下来；吉米曾经得过两次非常严重的肺炎；有一次在他擦枪时，因枪走火而受伤；吉米出过好几次的车祸，也经历过各种外科手术。但所有的这一切都没有使他垮掉。

当人们问他是怎么从死神那里逃回来时，他只是轻描淡写地说："上帝不打算要我，因为我的那些梦想都还没有完全实现。"

因为心中有梦想，所以可以去面对那些让人绝望的灾难；因为梦想还没有实现，所以我们没有权利放弃自己的人生。梦想所具有的分量和感召力是任何东西都不能取代的。人生因梦想而高飞，只要你敢于梦想就能激发出自身最大的潜能。当你的潜能被开发出来，你的人生就必将朝着一个光明的道路迈进。

梦想对人如此重要，每个人都应该拥有属于自己的梦想。除此之外，我们更要坚持自己的梦想，如果我们不去实现、不去行动，梦想永远只能停在梦想中，不会对人生产生任何的价值。而如果我们按照自己的计划一步一步地去行动，去实现，那么梦想就会成为现实，成为我们人生中最高的奖赏。

约翰·高德小时候便是敢于梦想、敢于挑战的人，他的梦想是做一个探险家。为了完成这一人生的理想，他在十五岁时便制定了完成它的具体计划。

约翰·高德将自己成为探险家应该做的事列在一张单子上，总共有127 件。包括五分钟跑完一英里，在海中潜水，探险尼罗河，攀登珠穆朗玛峰，研究苏丹的原始部落，环游世界一周等……

在约翰·高德中年时，他成了最著名的探险家。不仅如愿以偿地完成了自己的很多梦想，而且准备向更高的目标迈进。

约翰·高德无疑是一个拥有梦想的人，更加难能可贵的是，他不仅拥有梦想，而且坚持自己的梦想，朝着梦想做着不懈的努力。他人生当中的一切行为都是为完成自己的梦想而努力，而他的成功则是对他坚持梦想的最好回馈。

正如丁尼生所说：梦想只要能持久，就能成为现实。我们不就是生活在梦想中的吗？

正因为我们生活在梦想当中，梦想就是我们的生活，我们有必要让自己生活得更好，所以我们必须努力去拥有更加美好的梦想，并尽一切努力去实现它。在想要放弃的时候再坚持一下，也许你很快就能看到梦想实现的曙光。

法则 62. 目标越具体实现越容易

歌德说：生命里最重要的事情是要有个远大的目标，并借助才能与坚毅来达成它。

任何成功者都不可能是空洞的梦想者，他们凭借有目标的梦想让自我处于不满足当中，并因不满足而激励自己加倍地努力奋斗，最终达成了自己的梦想。

有句话说：世界会向那些有目标和远见的人让路。

没有目标的人就像没有航向的游轮，只能在无尽的大海中漂流，然后将生命的燃料消耗殆尽。如果没有目标，没有任何人能成功。所以先要明确你想去的地方，然后努力朝着它去迈进。

我们身在何处并不重要，重要的是我们朝着什么方向走。只有目标正确，我们的人生才可能是正确的。所以，请给自己的人生一个目标吧！这是我们每个人都需要的。有目标的人才幸福，因为他们一生都在为某个目标而奋斗，而目标的达成让他们的人生更有意义。

这是来自哈佛大学的一项跟踪调查，调查对象是一群各方面条件差不多的年轻人，通过他们来判断目标对人生到底有怎样的影响。结果显示：3%的被调查者有清晰且长远的目标，10%的被调查者有清晰的短期目标，60%

的被调查者目标模糊，27% 的被调查者没有目标。

在二十五年之后，研究者再次找到那些被调查者，结果发现，在 25 年的时间里，占 3% 的被调查者几乎都不曾更改自己的人生目标，他们怀着自己的梦想，朝这个方向不懈地努力着，而这些人几乎都成了社会各界顶尖的成功人士；10% 有清晰短期目标的被调查者，大多生活在社会的中上层，他们的那些短期目标不断达成，自己也成为各个领域中不可或缺的专业人才；60% 目标模糊的被调查者，大多生活在社会的中下层，他们可以安稳地生活，但一般没有什么特殊的才能和成绩；另外 27% 没有目标的被调查者，他们几乎都在社会的最底层挣扎，经常失业，靠救济生活，毫无幸福感可言。

毫无疑问，这项调查表现了目标对于一个人的一生是多么的重要。为了能够实现梦想，让我们的人生变得更加卓越，我们必须尽量给自己一个明确的目标，同时朝那个目标不断地努力，认真地去完成它。目标对一个人很重要，但完成任务的过程更加举足轻重。我们不仅要有目标，更要像约翰·高德一样，一步一步切实地去完成它，这样我们的人生才可能是成功的。

我们必须清楚，仅仅有一个大目标，完成起来是非常费力的，如果我们能将自己的大目标分成一些具体的小目标，实现起来就非常的容易了，而这也有助于我们自信心的建立，让我们有更多的信心和动力朝更高的目标迈进。

有一位年轻女孩，患有严重学校恐惧症，她为此十分自卑。因为她甚至连踏入大学校园都会害怕，但是她又想进入大学读书。于是她下定决心要克服自己的恐惧，当然她明白这种自卑和恐惧不是一下子就能克服得了的。所以她决定不勉强自己，她上学的第一步不是走入教室而是开车进入校园，但不停车。当她开车走进校门的那一刻，她觉得自己棒极了，于是在回家的路上她买了一朵玫瑰奖励自己。

第二步，她要求自己停车但不下车，当她可以大着胆子在校门口停车时，她再次感受到了成功的喜悦，于是她给自己做了一顿丰盛的晚餐作为奖励。

第三步，她做到的是停车，然后下车。成功做到后，她同样给了自己奖励。

最后，她去修了一门课。她请来自己的父母和朋友帮她庆祝这一成功。

虽然整个过程花了她好几个月的时间，但是最后她成功了。如果她在没有让自己做好准备之前就先去上课，那么她可能在上课的第一天就会缺课。

目标的完成往往是由许多小步骤串联起来的，目标越具体我们完成起来就越容易。例如，要拿大学文凭，首先要先填申请表格，接下来要报名上课、参加考试、写报告。其中一项或是多项步骤没有做，就会让你无法达到大学毕业的目标。但是我们大多只把文凭这个最后的结果当做成功，我们没有把打电话、填表格、上课或读书当作是自己的功课。完成大目标的第一步就是认真执行自己的具体目标，注意你要改变的每一个步骤，很快你就会发现原来自己可以做得更多，你的目标就会一步步地实现。当它最终完成时，也就是我们的梦想实现的那一刻。

气顺了 人生就顺了

法则 63. 没有谁是注定要失败的

所有人都希望自己的人生是成功而圆满的。但是，人生的起起落落和世事无常有时会让我们变得自卑、退缩和妥协，生活自然也就很难如意了。其实，并没有谁天生就注定是要失败的，只是你给自己贴了失败者的标签而已。

每个人都应该有一种自信，那就是我们拥有跟其他人同样的实力，只不过这种实力表现的方式不同而已。也许你不如别人聪明，没有别人家境好，也没有受过很好的教育，但是依然可以用自己的方式去选择成功。

诺贝尔化学奖的获得者奥托·瓦拉赫的人生就是这样。小的时候，他选择了文学作为他的发展方向，然而他的老师给他的评语却是：难以造就的文学之才。

后来，他又把努力的方向指向了油画，然而无论他怎么努力，他的绘画成绩永远都倒数第一。

瓦拉赫做了许多不同的尝试，他的所有学科成绩都不怎么理想。除了他的化学老师之外，几乎所有的老师都认为这个学生简直笨拙到了极点！

没错，正是他的化学老师将他引领到化学研究之路，因为他发现这个"笨拙"的学生做事严谨踏实，具备了非常好的实验素质。也正是这一条道路将瓦拉赫带到了科学的最高领奖台，成为诺贝尔化学奖的获得者。

即使我们在很多方面被认为是愚钝的，但不代表我们注定失败。我们只是选择了一个错误的方向，没有将自己的优势发挥出来而已。就像瓦拉赫那样，一旦发现了自己真正的价值所在，就能告别失败走向成功。

正如一位哲人所说：失败是什么？没有什么，只是更走近成功一步；成功是什么？就是走过了所有通向失败的路，只剩下一条路，那就是成功的路。

成功就是这样，它不是某些人的专属资产，任何人只要有决心、有毅力、肯努力，都可以将它收入囊中，即使那些看上去有着巨大缺陷的人也同样如此。在正常人看来是不可能的，也许会被一个非正常的人一举拿下。汤姆·邓普西用自己的经历为我们讲述了将不可能变为可能的传奇。

汤姆·邓普西天生残疾，只有半只脚掌和一只畸形的右手。然而，父母没有因此对他特殊照顾，而是让他像正常人一样长大。任何其他男孩能做的事他也能做。童子军行军十里，汤姆也同样走完十里。

后来，他迷上了踢橄榄球。在所有一起玩的男孩子中，他踢球踢得最远。他参加了球队的选拔测验，并且得到了冲锋队的一份合约。

但是，教练看到他的身体状况就婉转地告诉他，他并不具有做职业球员的条件，建议他向其他领域发展。最后，几经波折他用自信和一切皆有可能的心态打动了新奥尔良圣徒球队的教练。教练虽然仍心有顾虑，但答应给他一个机会。

两周后，在一次友谊比赛中，汤姆踢出55码远的好成绩。他用行动打消了教练心中最后的疑虑。从此，他真正成为了圣徒队的一名职业球员，而在那一季的比赛中，他为自己的队伍踢得了99分。

不久，属于汤姆的最伟大的时刻到了。

球场上坐满了六万六千名球迷，他们全都屏息以待比赛最后的结果。

距离比赛结束只剩下几秒钟，球队也把球推进到 45 码在线，然而，仍然有 55 码远才到得分线。谁能够踢出最远的一球来主导胜利呢？最后，教练大声宣布"邓普西，进场。"

队友们将球传接得很好。接着，汤姆全力踢出去决定胜负的一球。球在空中笔直地前进，但是它能越过得分线吗？

此时，球场上似乎连空气都凝固了，所有的目光都注视着裁判的动作。终于，裁判举起了双手，表示得了 3 分。汤姆的球队以 19 比 17 获胜。霎时，场上掌声雷动，球迷欢呼，队员奔跑，为这踢得最远的一球、为这踢得最精彩的一球！

而这一球本不可能被汤姆踢出，因为他只有半只脚掌和一只畸形的手，但是，一切皆有可能，汤姆踢出了他引以为傲的一球。

当旁人充满惊奇和崇拜地叫着"真是难以相信"时，邓普西却只是微笑。他想起了父母，一直以来他们告诉他的是他能做什么，而不是他不能做什么。因此，汤姆也从不认为有什么事情是不可能的。基于这样的心态，他才创造出这么了不起的纪录。

邓普西的成功告诉我们，失败和成功都不是被注定的，即使被剥夺了看起来是成功的必要因素，我们依然可以创造条件去完成梦想。

即使我们现在还在失败里打转，我们也必须相信：任何失败最终的结局都应该是成功的。如果我们还没有看到成功，只能说明结局还没有到来而已，只要我们继续向前走，最后迎接我们的一定是成功。

法则 64. 你的价值就是你的人生价值

每一个人都有自己的人生价值，因为我们是这个世界上独一无二的存在。即使现在一无所有，我们也应该坚持自己的主见、思想和精神，而这些都会产生价值。所以，我们没有任何理由随波逐流，听凭命运的摆布。

你的价值不是别人给的，而是你自己一点一滴累积的。一个人价值的高低也不是以所拥有的财富多少来判断的，即使你现在一无所有，也不代表以后不能富甲天下。但是如果你认定自己一文不值，那么就只能穷困潦倒下去，而如果你能重新认识自己，给自己一个更高的"价码"，你便会"高贵"起来。当你的内心开始"升值"，你的人生价值自然也会水涨船高。

在纽约的街头，一个商人看到一个衣衫褴褛的推销员在寒风中推销尺子，商人顿生一股怜悯之情。他停下来将1美元丢进卖尺人的盒子里，正准备走开时觉得这样不对，于是又停下来，从推销员的盒子里取了一把尺子，并对卖尺的推销员说："我们都是商人；只是我们经营的商品不同。"

过了几个月，在一个社交场合上，曾经卖尺子的推销员又与商人相遇了。不过这次他穿戴整齐，他向商人热情地自我介绍："您好，您可能已经记不得我了，可是我却永远忘不了您，是您给了我自尊和自信，让我看到了自己的价值。在那之前我一直认为自己跟乞丐没什么两样，直到那天

气顺了人生就顺了

您从我那买了一把尺子，并且说我是一个商人，我的人生便由此转变了。"

推销员在没有遇到商人之前一直都把自己当做一个乞丐，那是因为他内心的自我否定和自我贬低造成的。幸好有了商人的提醒，让他及时从这种自卑的困境中挣脱出来，否则他也许真的要沦为乞丐了。

其实每个人一开始都像一个乞丐，四处乞讨希望能够获得更多的财富、知识和爱。但是我们却忽略了真正的财富之源在哪里，那就是我们自身。我们自身所拥有的价值，比任何我们所要费尽心思去乞讨的都要高得多，我们自己才是自己最大的宝藏。

曾经有这样一个青年，他本是一所知名大学的毕业生，不仅学识渊博而且身体健壮。但他却说自己穷困潦倒得连买一顶草帽的钱都没有，要不是自己的父亲每个星期给他二十美元做生活费，他一定会挨饿的。

这个青年人曾经也尝试过去做许多事情，但是却都宣告失败。为此，他不相信自己的能力，也不相信自己能够创造出更多的人生价值。他还认为自己所接受的教育就是一个失败。每当他得到一份新的工作，他都觉得自己做不好，而且从不认为自己可以从中获得成功。所以，他不停地换工作，不停地失败，然后再换工作，结果什么都没有做成，年近三十还要靠父母的接济才能生活，他甚至觉得自己这辈子都要穷困潦倒下去了。

直到有一天他遇到一位白手起家的成功商人，他鼓起勇气上前去问对方成功和致富的秘诀。

商人笑着说："你想知道我是怎样白手起家的吗？其实很简单，我并不是白手起家的，因为我本来就是个大富翁。"

"可是我明明听说您曾经也很贫穷。"青年感到难以置信。

"不，你错了。我很富有，而你也同样具有这样的财富。"商人淡淡地说道。

"怎么可能？我明明是个穷光蛋。"青年开始自嘲。

"你不信？那我来指给你看，"商人说，"你有一双眼睛对吧，现在你只要给我一只，我就愿意拿一袋金子跟你交换，怎么样？"

"那怎么行，我不能失去我的眼睛！"青年激动地说。

"好，既然如此，那么就把你的一双手给我吧。只要你肯把它们给我，你想要什么我都满足你。"

"不行，我的双手也不能失去！"青年更加激动。

"既然你有一双眼睛，那么你就能够学习；既然你有一双手，那么你就能够劳动。学习能让你的内心富有，劳动能让你的生活富有，你已经拥有了这么多丰厚的财富，为什么还觉得自己没有价值呢？"富翁微笑道。

青年听后恍然大悟。他谢过商人，昂首阔步地离开了，看他走路的那副自信，俨然自己也成了一位成功的富翁，因为他终于知道自己有多么富有，而这些都是他创造自己人生价值和实现理想的本钱。

没错，这个世界上的任何人都是一个富翁，只是在很多时候我们不知道自己的价值在哪里。我们希望自己的人生更有价值，却不知道如何去创造它，并且认为自己不具备创造它的条件。其实这些条件上天早就已经给了我们，只是我们的眼睛只知道朝外看，没有发现它们而已。现在想必你已经知道了自己的价值，而这也将成为你的人生价值。你原本就是富有的，所以完全没有必要让自己贫穷地度过一生。

每个人所拥有的价值都是无价的，我们要做的只是认清这个事实的真相，然后克服一切自轻自贱、自卑自虑的思想，最大限度地发挥自己的价值去实现自己的人生价值。

法则 65. 人生没有绝境

这个世界上不存在绝境，上帝在关上一扇门的同时，总会为你打开一扇窗。所谓"绝处逢生"，就是在我们觉得"山穷水尽"的时候，一转弯又看到了一处"柳暗花明"。所以，在任何时候我们都不应该放弃希望，因为天无绝人之路。

人的一生当中总是会遇到很多艰难险阻，很多时候我们都以为自己是跨不过去的，但是在经历了最黑暗的历程之后，我们终究能迎来曙光。有句话说得好："世上没有绝望的处境，只有对处境绝望的人。"我们往往面对绝境先失掉了希望，才将自己逼上了绝路，其实那条路未必真的是绝路，只是我们内心的恐惧和绝望蒙蔽了自己的双眼而已。

格林是一家铁路公司的调度人员，他工作认真而且做事负责。但是他却有一个缺点，那就是他缺乏自信，并且对人生非常悲观，经常以否定和怀疑的眼光去看世界，而这也将他逼上了人生的绝境。

有一天，公司的老板过生日，职员们都赶去参加宴会，格林却被关在一个待修的冷藏车里。这让格林感到十分恐惧，因为冷藏车的温度只有零度，这是冰点的温度，任何一个正常人都不会在这种温度下待过长时间。于是，格林在车厢里拼命地敲打着、喊着，然而全公司的人都走了，根本没有人听得到他的喊声。

格林的手掌敲得红肿，喉咙也叫得沙哑，却没有任何人去理睬他，最后他只好颓然地坐在地上喘息。格林越想越害怕，车厢的温度只有零度，如果他今天晚上一直出不去的话，一定会被冻死在里面的……

第二天一早，公司的职员陆陆续续来到公司。当他们打开冷藏车的车厢门时，赫然发现格林倒在地上，他们立刻将格林送去急救，但很可惜他已经死了。令大家惊讶的是，当时冷藏车已经坏掉正在等待维修，冷冻开关并没有激活，而巨大的车厢里有足够的氧气，更令人费解的是，车厢里面明明是十几度，但格林居然被"冻"死了！

格林并非死于车厢内的"零度"，而是死于自己心中的冰点。他给自己判了死刑，把自己逼入了绝境，那又怎么可能活得下去呢？

人生中有太多的"死刑"与"绝境"，只不过大部分都是自己给自己设定的，因为我们放弃了"生"的希望，只能迎接"死"的降临。我们必须让自己明白，人生的旅途中是没有绝境的，即使身处黑暗当中，我们也不能被黑暗压垮，只要放宽心境，再豁达一些，我们是能走出阴霾的。

有一个人在森林中赶路的时候，突然遇见了一只饥饿的老虎，老虎大吼一声就扑了上来。他拔腿就跑，但是老虎在后面紧追不舍。

他一直跑一直跑，最后被老虎逼到了悬崖边上。望望悬崖的深度，又看看老虎，他想："被老虎捉到，必死无疑，而且还会受尽折磨，跳崖反而有一线生机。"

于是，他纵身跳了下去，非常幸运地挂在一棵梅子树上，树上结了不少梅子，看样子已经成熟了。他庆幸地想："这下好了，只要我慢慢地爬下崖去，就安全了，而且还可以摘些梅子带回家。"

这时，他突然听到身下传来一声巨吼，往下一望，才发现一只狮子正如饥似渴地望着他。他苦笑了一下，自言自语地说："被老虎吃也是吃，被狮子吃也是吃，况且现在我还在树上，它们谁也吃不到我，我还担心什么呢？"

就在放下心来的时候，他又听见头上传来一阵异响，原来是两只老鼠在用挂着他的树枝磨牙。他又是一阵惊慌，不过很快又安下心来，他想："树枝断了，掉下去摔死，总比被狮子生吞活剥好。"平静下来后，他觉得饿了，便伸手摘梅子吃，吃饱之后，他又想："既然迟早都是死，不如在死前美美睡上一觉吧！"

等他从梦中醒来的时候，他发现老鼠、狮子和老虎都不见了，自己终于脱离了险境。

原来就在他睡着的时候，老虎饥饿难耐，也从上面跳了下来，结果碰到了下面的狮子。为了争夺对食物的所有权，狮子和老虎展开了激烈的搏斗，它们边撕咬边吼，吓跑了老鼠，而它们最后也双双负伤逃走了。

当所有人认为你已经不行的时候，只要你没有放弃，那么你就永远不算失败。因为是你自己给了自己机会，这个机会就是 "山穷水尽"和"柳暗花明"之间的转折点。

所谓"绝处逢生"就是告诉我们，在任何时候都不能放弃希望，只要我们再乐观一点，再坚持一下，我们就能从所谓的"绝境"中走出来。而如果我们灰心失望地放弃了，那么我们也就真的被它打败，成为一个彻头彻尾的失败者。

"苦难一经过去，苦难就变为甘美。"这句话不是听听就可以的，我们必须时时刻刻提醒自己、激励自己，努力朝前走。

法则 66. 成功就在不远处

我们奋斗，我们拼搏，我们不惜一切代价向前冲，目的只有一个——成功。一个人想要争气，成功是一个必要条件。而且每个人都有绽放自己光彩的能力，只不过这种能力需要通过我们自己的努力才能发挥作用。

成功的人生是每个人追求的目标，尽管每个人对成功的定义不同，但成功本身必定是可以让人感到愉悦和满足的，而这种对愉悦和满足的追求，促使我们不断向前。人应该是有所追求的，这是一个人的人生价值所在，而追求成功是每个人的心理诉求。

为了满足这一愿望我们虽然付出了很多，也失去了很多，但是如果我们不想让自己之前所做的努力付之东流的话，那就得继续朝着梦想前行。当然，在这个过程当中，积极的心理暗示是必不可少的，你要时时刻刻告诉自己"我能成功"，那么你就真的可以成功。

福勒出生在美国路易斯安那州的一个贫穷的黑人佃农家里。他像大多数佃农的孩子一样从很小的时候就开始工作，自己养活自己。不过，他有一位非同寻常的母亲。母亲常常和他一起谈论梦想："福勒，我们不应该生而贫穷。这不是上帝的安排，不是不可改变的，而是因为我们家庭中，从没有人产生过致富的愿望和出人头地的想法。"

人，可以改变贫穷、改变命运。这个观念深深地烙在了福勒的心里，最终改变了他的一生。从此，福勒致富的愿望就像天上的北斗星一样，指引着他前进。为此，他走上经商的道路，并选定了经营肥皂。

他开始挨家挨户地推销肥皂，长达12年之久。后来，供应他货源的那个肥皂公司因故以15万美元的价格出售。福勒有心把公司收购过来，但他12年的全部积蓄只有2.5万美元。经过福勒的多番努力，双方达成了协议：福勒先交2.5万美元的保证金，余款需要在十天内付清，而保证金不退。

福勒四处筹钱，从朋友、从信贷公司、从投资集团……只要是能够想到的贷款来源，他都努力去借。十天的时间很快就要过去，过了这个夜晚，便是约定好的付余款的最后时限了，但福勒还差1万美元。

深夜的时候，他在房间反复思索。最后，他决定驱车走遍61号大街，不到最后绝不放弃。福勒驱车沿芝加哥61号大街驶去。终于，他看见一个承包商事务所亮着灯光。他走了进去，看见一个因熬夜而疲惫不堪的人坐在办公桌后面。

"你想赚很多钱吗？"福勒开门见山地问道。

那人点了点头："当然！"

"那么，请你借1万美元给我，当我归还时，你将有很多很多的钱。"福勒对那个人说。

接着，他向这位承包商说明情况，并把其他借款人的名单给他看。

那天夜里，当福勒从这个事务所里走出来的时候，口袋里已经有了一张1万美元的支票。

此后，他又获得了其他七个公司的控制权，其中包括四个化妆品公司、一个袜类贸易公司、一个标签公司和一个报馆。当大家希望与他分享成功的秘诀时，他想起了多年前母亲的话，他说："我们会遭遇贫穷或者不幸，但这并不是上帝的意愿，而是由于我们从来没有产生过致富的愿望。只有我们转变观念，坚信自己能够成功，我们才能真正有所收获。"

福勒无疑是成功的，他的梦想是追求财富，而最后他拥有了财富。虽然在这之前他曾经一无所有，但这并不影响他走向成功。

上天给每个人的境遇是不一样的，家庭出身、教育背景、潜在能力，这些是我们无法把握的，但是无论我们命运一开始给了我们什么，它都没有说过我们不能从自己的起跑线冲向成功的终点。既然命运都没有发话，你又有什么理由停下脚步呢？我们应该感动于这个世界的神奇，命运从来没有抛弃过任何人，不论幸福与否，命运都会恩赐他一个神奇的能力，一个追求美好生活的能力。

在这个世界上没有任何人可以阻止我们追求幸福和成功的脚步，因为脚在你自己身上。如果我们梦想成功，成功永远只会是个梦想。如果我们已经奔跑在追求成功的路上，那么成功就在我们的不远处。

气顺了 人生就顺了